設計技術シリーズ

ノイズ／EMIを抑える軟磁性材料の活用術

軟磁性材料のノイズ抑制設計法

［監修］平塚 信之

科学情報出版株式会社

目　　次

第1章　ノイズ抑制に関する基礎理論
ノイズ抑制シート（NSS）設計のための物理 3
　　　　　　　　　　　　　　　　　　　有限会社　Magnontech　　武田　茂

第2章　ノイズ抑制用軟磁性材料
磁性材料とノイズ 21
　　　　　　　　　　　　　　　　　　　日立金属株式会社　　小川　共三
金属系軟磁性材料 29
　　　　　　　　　　　　　　　　　　　日立金属株式会社　　小川　共三
スピネル型ソフトフェライト 43
　　　　　　　　　　　　　　　　　　　FDK株式会社　　松尾　良夫
六方晶フェライト 61
　　　　　　　　　　　　　　　　　　　埼玉大学　　平塚　信之

第3章　ノイズ抑制磁性部品のIEC規制
IEC/TC51/WG1の規格の紹介 79
　　　　　　　　TDK株式会社　　三井　正／埼玉大学　　平塚　信之
IEC/TC51/WG9の規格の紹介 87
　　　　　　株式会社 村田製作所　　土生　正／埼玉大学　　平塚　信之

第4章　ノイズ抑制用軟磁性材料の応用技術
焼結フェライト基板およびフレキシブルシート 93
　　　　　　　　　　　　　　　　　　　戸田工業株式会社　　土井　孝紀
フェライトめっき膜による高周波ノイズ対策 103
　　　　　　　NECトーキン株式会社　　吉田　栄吉・近藤　幸一・小野　裕司
ノイズ抑制シートの作用と分類および性能評価法 119
　　　　　NECトーキン株式会社　　吉田　栄吉／有限会社　Magnontech　　武田　茂

I

フレキシブル電波吸収シート 137
　　　　　　　　　　　　太陽誘電株式会社　石黒　隆・蔦ヶ谷　洋
チップフェライトビーズ 147
　　　　　　　　　　　　株式会社　村田製作所　坂井　清司
小型電源用インダクタ 157
　　　　　　　　　　　　太陽誘電株式会社　中山　健
信号用コモンモードフィルタによるEMC対策 165
　　　　　　　　　　　　TDK株式会社　梅村　昌生

まえがき

　PC、携帯電話や携帯音楽プレーヤなどのデジタルモバイル機器が高周波化、小型化するのに伴い、電子回路内の部品内、部品間、さらには機器間、システム間でのノイズの発生が障害になり、その抑制が極めて重要になってきている。

　電磁波ノイズを吸収して抑制する、あるいは機器内部の電子回路のインピーダンス不整合による輻射ノイズの発生を抑制するには、材料の電気的、誘電的および磁気的性質を利用する。多くのノイズ抑制部品・製品はこれらの性質をもつ材料を複合的に組み合わせることによって実用されているが、磁性材料の本質的な性質および特性を生かしきったノイズ抑制対策はなされてきていないと痛感する。

　そこで、各種の磁性材料の特性と特徴を中心に据えたノイズ抑制対策に役立てていただきたいと考えて本書を刊行することにした。第1章はノイズ抑制に関する強磁性共鳴、スヌークの限界に関する解析などの基礎理論を述べ、磁性材料およびノイズ抑制シートに要求される特性まで展開する。第2章はノイズ抑制用軟磁性材料である金属系軟磁性材料、スピネル型フェライトおよび六方晶フェライトについて電気的・磁気的性質を解説し、ノイズ抑制機能について詳しく述べる。第3章はノイズ抑制磁性部品のIEC規格を紹介する。第4章はノイズ抑制用軟磁性材料の応用技術である。実用化され注目されている製品の技術について解説する。

　月刊EMC誌はノイズ関連の記事を毎月掲載している。同誌にはノイズ抑制用磁性材料関連で何回か掲載させていただいていた。編集部よりIEC（国際電気規格会議）/TC51（磁性部品およびフェライト材料）国内委員会に対して「ノイズ抑制用軟磁性材料とその応用」特集の執筆が依頼された。この委員会はWG1（フェライトおよび圧粉磁心）、WG7（マイクロ波磁性材料）、WG9（インダクティブ部品）およびWG10（高周波EMC対策磁性材料および部品）から構成されており、日本が磁性材料分野において世界をリードしているように国際規格制定でもリーダーシップを発揮している。

当委員会内の各WGもノイズ対策用磁性材料およびその部品の規格作成の必要性を強く意識し、基礎理論、研究・技術および製品動向について学習し、研修しているときに執筆依頼がなされた。したがって、本書の内容は日頃TC51委員会の中に蓄積されていた成果をまとめたものであり、最新の知識と技術が盛り込まれている。本書は、同誌の2007年8月号および11月号に掲載されたものに加筆してさらに充実したものである。

　本書は、かかる経緯により出版されるので、ノイズ抑制に携わる研究者・技術者ばかりでなく製造技術者にとっても有用となり、役立つことを期待したい。

　月刊EMC特集号の企画から本書の出版に至るまで真摯にご協力いただいた編集部の中島洋樹氏、荒井聡氏ならびに電子情報技術産業協会（JEITA）事務局の有馬和雄氏に厚く御礼申し上げる次第である。

　　　　　　　　　　　　　　　　　2008年4月　　　　　　平塚　信之

第1章

ノイズ抑制に関する基礎理論

ノイズ抑制シート（NSS）設計のための物理

1．緒言

携帯電話、パソコン、TVなどの情報通信機器の多機能化や融合化が急速に進んでいる。特に、携帯電話では、本来の音声の通信以外に、メール、インターネット、カメラ、個人ナビシステム、ワンセグ（地上デジタルTV）、電子マネーなどの複雑なシステム機能がわずか100ccにも満たない狭い空間に閉じ込められている。これは、通信の高速化技術や、通信機器の高集積化技術を可能とした半導体技術の進歩によるものである。一方、集積化にともない各機能システム関係を取り巻く電磁環境は日増しに厳しくなっている。例えば、本来は独立して存在していた多くの機能システムが近接し互いに干渉し、それぞれの機能に害を与える問題である。残念ながら半導体技術だけで上記のような「干渉現象」を防ぐことはできない。

この「干渉現象」の抑圧には、磁性材料の高周波による損失が好適であることが見出され、これがシート状で商品化されるようになった。これが日本で発明された「ノイズ抑制シート（NSS : Noise Suppression Sheet）」である[1]。また、これを商品化するメーカーも数多く出現する[2]ようになり、国際規格も制定された[3]。

ここでは、最初に、NSSの磁気損失の基本原理である強磁性共鳴現象と、これより言及できる要求特性について述べる。次に、NSSを使用する場合、その特性を最もよく表現しているといわれる国際規格で制定された伝送減衰率（R_{tp} : Transmission Attenuation Ratio）について、NSSの磁気特性と面抵抗によってそれがどのような影響を受けるかを回路解析により明らかにする。

2．FMR（強磁性共鳴）とNSS

2—1　FMRとスネークの限界

NSSは強磁性共鳴現象（Ferromagnetic resonance）を利用している。これは物質中の磁化Mに静磁界H_{ext}が印加されているときに、これと直交する方向に高周波磁界hを加えると磁化Mの首振り運動が起こり、これがある周波数で共鳴

する現象である。静磁界H_{ext}が、物質の本来持っている磁気異方性による磁界H_{ani}である場合、これを自然共鳴と呼んでいる。NSSはこのH_{ani}による自然共鳴現象を利用している。

この自然共鳴周波数f_rは、異方性磁界H_{ani}だけでなく、試料の形状に大きく左右される。反磁界係数N_x, N_y, N_z（ただし$N_x+N_y+N_z=1$）を有する強磁性体の高周波特性は、次の磁化**M**の運動方程式（Landau-Lifshitz equation）を解くことによって知ることができる。ただし、ここでは緩和係数αを無視している。

$$d\mathbf{M}/dt=\gamma \mathbf{M}\times\mathbf{H} \quad\quad (2\text{-}1)$$

ここで、$\gamma/2\pi=2.8$MHz/Oeはgyromagnetic ratio、**H**は磁化**M**に作用する磁界である。今、静磁界H_{ani}がz方向にあり、高周波磁界**h**がxy面内にあるとき、**M**は高周波磁化m_x, m_y, 飽和磁化M_sとすると、次のように書ける。

$$\mathbf{M}=m_x i+m_y j+M_s k \quad\quad (2\text{-}2)$$

また、全体の磁界**H**は次のように書ける。

$$\mathbf{H}= (h_x-N_x m_x)i+(h_y-N_y m_y)j+(H_{ani}-N_z M_s)k \quad\quad (2\text{-}3)$$

ここで、i, j, kはx, y, z方向の単位ベクトル、N_x, N_yは高周波磁化の反磁界係数、N_zは飽和磁化M_sによる反磁界係数である。

(2-2)式・(2-3)式を(2-1)式に代入し、$H_{ani}\gg h_x, h_y$, $M_s\gg m_x, m_y$と近似して、h_x, h_y, m_x, m_yの2次の項を無視すると次の関係式を得ることができる。ただし、Bは物質中の磁束密度である。本論文ではGass単位系を用いる。

$$\begin{aligned}B_x&=\mu_{xx} h_x + j \mu_{xy} h_y \\ B_y&=-j \mu_{xy} h_x+\mu_{yy} h_y \\ B_z&=4\pi M_s\end{aligned} \quad\quad (2\text{-}4)$$

μ_{xx}, μ_{xy}は透磁率テンソルの対角要素、非対角要素と呼ばれ次のように表わされる。

$$\begin{aligned}\mu_{xx}&=1+\gamma^2 4\pi M_s[H_{ani}+ (N_y-N_z) 4\pi M_s]/(\gamma^2 H_{eff}^2-\omega^2) \\ \mu_{yy}&=1+\gamma^2 4\pi M_s[H_{ani}+(N_x-N_z) 4\pi M_s]/(\gamma^2 H_{eff}^2-\omega^2)\end{aligned} \quad\quad (2\text{-}5)$$

$$\mu_{xy} = -\gamma\omega 4\pi M_s / (\gamma^2 H_{eff}^2 - \omega^2)$$

ただし、

$$H_{eff}^2 = [H_{ani} + (N_x - N_z) 4\pi M_s][H_{ani} + (N_y - N_z) 4\pi M_s] \quad \text{(2-6)}$$

である。(2-5)式は、$\omega = \gamma H_{eff}$ で発散するので、この点が自然共鳴点である。(2-5)式・(2-6)式の導出は参考文献[4]を参照願いたい。

特別な場合として、$\omega \to 0$、すなわち低周波での μ_{xx}, μ_{yy}, μ_{xy} は次のようになる。

$$\mu_{xx}(0) = 1 + 4\pi M_s / [H_{ani} + (N_x - N_z) 4\pi M_s]$$

$$\mu_{yy}(0) = 1 + 4\pi M_s / [H_{ani} + (N_y - N_z) 4\pi M_s] \quad \text{(2-7)}$$

$$\mu_{xy}(0) = 0$$

上の最後の式は低周波では磁化の首振り運動を生じないことを意味する。

ここで、$\omega \to 0$ での μ_{xx} に注目し、これと自然共鳴周波数 $f_r = \omega/2\pi = \gamma H_{eff}/2\pi$ の積をとることにする。

$$\mu_{xx}(0) f_r = (\gamma/2\pi)\{1 + 4\pi M_s / [H_{ani} + (N_x - N_z) 4\pi M_s]\} \times$$
$$[H_{ani} + (N_y - N_z) 4\pi M_s]^{1/2} [H_{ani} + (N_x - N_z) 4\pi M_s]^{1/2} \quad \text{(2-8)}$$

これが、スネークの限界の一般式であり、$4\pi M_s$ だけでなく、H_{ani} と試料形状 (N_x, N_y, N_z) により変化する。特別な場合として、$N_x = N_y$ (z軸に対して回転対称) であれば上式はさらに次のように簡単になる。

$$\mu_{xx}(0) f_r = (\gamma/2\pi) [H_{ani} + (1 + N_x - N_z) 4\pi M_s] \quad \text{(2-8a)}$$

また、実際にはありえないことであるが、無限媒体を考えて、$N_x = N_y = N_z = 0$ とすると、スネークの限界は、次のようになる。

$$\mu_{xx}(0) f_r = (\gamma/2\pi)(H_{ani} + 4\pi M_s) \quad \text{(2-8b)}$$

$\mu_{xx}(0) \gg 1$、すなわち、$4\pi M_s \gg H_{ani}$ であれば、

$$\mu_{xx}(0)\,f_r = (\gamma/2\pi)4\pi M_s \dotfill (2\text{-}8c)$$

となり、すでに報告されている表式と同じようになる。$4\pi M_s=3000G$とすれば、上記数値は8400MHzとなる。これに2/3を乗ずると参考文献[5]に記載された値と同じとなる。

2－2　NSSに要求される特性

　NSSは、デジタル回路に極めて近い位置に取り付けられ、高調波成分の通過阻止もしくは吸収減衰をその機能としている。このことから、除去したい高調波成分の周波数近傍に強磁性共鳴点があることが望ましい。昨今のクロック周波数がどんどん高くなっていることを考えると、材料特性としては自然共鳴の周波数をどれくらい高くできるかが1つの問題となる。もう1つの要求特性は透磁率μができるだけ大きいことである。この視点に立って、2－1で求めた自然共鳴周波数f_r、$\omega\to 0$での比透磁率$\mu_{xx}(0)=\mu_{yy}(0)$、スネークの限界$\mu_{xx}(0)f_r$を検討することにする。試料の形状としては、極端な次の3つの場合を考える。

(1) 球状試料

　このときは、$N_x=N_y=N_z=1/3$なので、次のようになる。

$$\left.\begin{aligned}&f_r=(f_r\gamma/2\pi)H_{ani}\quad (H_{ani}\geq(1/3)4\pi M_s)\\ &\mu_{xx}(0)=\mu_{yy}(0)=1+4\pi M_s/H_{ani}\;<4\\ &\mu_{xx}(0)\,f_r=(\gamma/2\pi)(H_{ani}+4\pi M_s)\end{aligned}\right\} \dotfill (2\text{-}9)$$

(2) 平板試料で面に垂直にH_{ani}

　これは、$N_x=N_y=0$、$N_z=1$なので次のようになる。

$$\left.\begin{aligned}&f_r=(\gamma/2\pi)(H_{ani}-4\pi M_s)\quad (H_{ani}\geq 4\pi M_s)\\ &\mu_{xx}(0)=\mu_{yy}(0)=1+4\pi M_s/(H_{ani}-4\pi M_s)\\ &\mu_{xx}(0)\,f_r=(\gamma/2\pi)H_{ani}\end{aligned}\right\} \dotfill (2\text{-}10)$$

(3) 平板試料で面内にH_{ani}

　これは、$N_x=N_z=0$、$N_y=1$なので次のようになる。

$$f_r = (\gamma/2\pi)H_{ani}^{1/2}(H_{ani}+4\pi M_s)^{1/2}$$
$$\mu_{xx}(0) = 1+4\pi M_s/H_{ani}$$
$$\mu_{yy}(0) = 1+4\pi M_s/(H_{ani}+4\pi M_s)$$
$$\mu_{xx}(0)\,f_r = (\gamma/2\pi)[H_{ani}^{1/2}+(4\pi M_s/H_{ani}^{1/2})](H_{ani}+4\pi M_s)^{1/2}$$

……………………(2-11)

(4) 棒状試料で軸と垂直にH_{ani}

これは、$N_x=0$, $N_y=N_z=1/2$で、次のようになる。

$$f_r = (\gamma/2\pi)(H_{ani}-2\pi M_s)^{1/2}H_{ani}^{1/2} \quad (H_{ani}\geq 2\pi M_s)$$
$$\mu_{xx}(0) = 1+4\pi M_s/(H_{ani}-2\pi M_s)$$
$$\mu_{yy}(0) = 1+4\pi M_s/H_{ani}$$
$$\mu_{xx}(0)\,f_r = (\gamma/2\pi)[(H_{ani}-2\pi M_s)^{1/2}+4\pi M_s/(H_{ani}-2\pi M_s)^{1/2}]H_{ani}^{1/2}$$

……………(2-12)

(5) 棒状試料で軸と平行にH_{ani}

これは、$N_z=0$, $N_x=N_y=1/2$で、次のようになる。

$$f_r = (\gamma/2\pi)(H_{ani}+2\pi M_s)$$
$$\mu_{xx}(0) = \mu_{yy}(0) = 1+4\pi M_s/(H_{ani}+2\pi M_s) < 3$$
$$\mu_{xx}(0)\,f_r = (\gamma/2\pi)(H_{ani}+6\pi M_s)$$

……………………(2-13)

これらの結果をH_{ani}が一定であると考えて比較すると、共鳴周波数が最も高くなるのは(5)のケースである。逆に最も低くなるのは、(2)のケースである。すなわち、共鳴周波数を高くしたいという要望からは、棒状試料で異方性の方向が軸方向を向いている場合が望ましい。しかし、NSSとしてはできるだけ高い透磁率を得たい。なぜなら、磁気損失は透磁率に比例するからである。この視点で見ると、(1)・(5)の場合には$\mu_{xx}(0)$に上限値があり、それぞれ4,3を超えることができない。(2)・(3)・(4)に$\mu_{xx}(0)$の上限はないが、単磁区構造を維持するために、(2)・(4)ではH_{ani}の制限があり、それぞれ$4\pi M_s$, $2\pi M_s$以上という非常に大きな異方性磁界が必要である。たとえ大きな異方性を有していたとしても、(1)・(2)・(4)の場合は、単磁区構造を維持することは難しく、現実的ではない。したがって、単磁区構造を維持しやすく、$\mu_{xx}(0)$に上限がなく、H_{ani}に下限がないのは、(3)の場合だけである。

これは、平板試料で異方性H_{ani}が面内に向いている場合である。(2-11)式からわかるように、f_rを高くしようとすれば、H_{ani}と$4\pi M_s$を大きくすればよい。特にH_{ani}は大きな影響を与える。透磁率$\mu_{xx}(0)$はH_{ani}が小さいほうが高い。したがって、H_{ani}には最適値が存在する。一方、$4\pi M_s$はf_rと$\mu_{xx}(0)$の両方に対して正の効果があるので、大きければ大きいほどよい。

一般に、NSSは磁性金属微粒子を可塑性のある非磁性体絶縁体の中に分散して作成する場合が多い。上記の検討は、磁性微粒子がどんな形状であればよいかを示している。実際には、できるだけ大きな$4\pi M_s$を有する偏平状の粒子形状が採用されているのはこのためである[6,7]。また、NSSが薄いシート状であるということは、製品自体が偏平形状であり、前記のような微粒子でなくとも連続媒体であれば、(3)の条件は満足している。

さて、これまでは透磁率μ_{xx}の実数部と共鳴周波数f_rとその大きさについて論じた。NSSでは高調波成分を減衰しなければならないので、透磁率の虚数部が重要な要素となる。特に、共鳴点近傍で使用する場合はこれが重要である。表式上は、損失項として(2-5)式にGilbert緩和係数α_mを導入して、虚数部を表わすことができる。損失の小さい磁性体では、実数部は大きくオーバーシュートして、共鳴点より上の周波数ではマイナスとなる。損失がだんだん大きくなると、このオーバーシュートが小さくなり、虚数部のピークも小さくなってその幅は広くなる。優れたNSSには通常、できるだけ広い周波数範囲で虚数部が大きいことを要求されるが、実際にはこれは非常に難しいことである。なぜなら、(2-1)式で記述されるスピンの運動方程式から導かれる透磁率の実数部と虚数部は、それぞれ独立ではないからである。ここでは、緩和係数α_mにも最適値が存在することを指摘するにとどめる。

実際には、NSSを自然共鳴点近傍で操作させる場合、その損失機構に対してNSSの導電性（面抵抗）が重要な影響を与える。導電性が極めて良好であれば、表皮効果により高周波が材料の内部にまで入らないために、有効な損失機構として作用しない。かといって、良好な絶縁体であれば、NSSの損失は前記の磁気共鳴による損失だけとなる。一方、適当なる導電性を持つNSSでは、NSSの磁化や高周波電磁界によりNSS自体に渦電流が発生し、それがジュール損を引き起こし、高調波を熱に変える。この導電性（面抵抗）は大きすぎても小さす

ぎても最適な減衰効果は得られない。この最適値は高調波を減衰したいデジタル回路の内部特性インピーダンスと密接に関係がある。50Ωストリップラインの場合、面抵抗は200Ω～300Ω程度と報告されている[8]。これについては、3章で詳しく述べる。

さらに、透磁率の虚数部の周波数スペクトルは、金属微粒子の形状、寸法、性状により複雑に変化することが知られている。特に、金属粒子としてセンダスト（Fe-Si-Al合金）を用いた場合については、吉田らの先駆的な研究[9,10]がある。

なお、これまでの議論は、単磁区構造を前提としたが、実際には多磁区構造の場合がほとんどであるので、多磁区構造のFMR理論を展開する必要があるが、これは今後の重要な研究課題である。

3．伝送減衰率（Transmission attenuation power ratio）R_{tp}の回路解析[11]

NSSを図1に示すようなマイクロストリップ線路の上に乗せてその透過損失S_{21}の変化を見るのが、国際規格[3]で規定されている伝送減衰率（Transmission attenuation power ratio）R_{tp}である。この特性がNSSの性能を評価する上で最も適切な方法であるとされている。以下、その概要を記す。

伝送減衰率R_{tp}は次式で計算される。S_{21M}，S_{11M}はそれぞれ、NSS試料を上記治具に装荷した場合のSパラメータS_{21}，S_{11}である。

$$R_{tp}=-10\log\{10^{S_{21M}/10}/(1-10^{S_{11M}/10})\} \,[\text{dB}] \quad\quad (3\text{-}1a)$$

ただし、NSSを乗せる前のS_{21}を0dBとした場合である。国際規格では規定されていないが、研究者によっては次のP_{out}/P_{in}を用いる場合もある。

$$P_{out}/P_{in}=10^{S_{21M}/10}/(1-10^{S_{11M}/10}) \,[\text{dB}] \quad\quad (3\text{-}1b)$$

ここでは、材料定数として、飽和磁化$4\pi M_s$、異方性磁界H_{ani}、緩和係数α、面抵抗R_sが与えられたときに、P_{out}/P_{in}が回路解析上どのように計算できるかを示す。

3－1 モデル化

長さ50mmの分布伝送線路にNSSを装荷した図1の配置は、図2のようにNSSが分布定数線路に弱く結合していると考えることができる。ただし、L, Cは単

位長（1m）当たりの線路のインダクタンスと静電容量である。

　図2の回路を、図3に示すように、Lの一部分ηLをNSSが担ったと考え、また、静電容量C_pが直列抵抗R_pを介して並列に接続されると考える。ここで、ηは充填率である。ただし、L，C，Rはすべて単位長（1m）当たりのものである[12]。

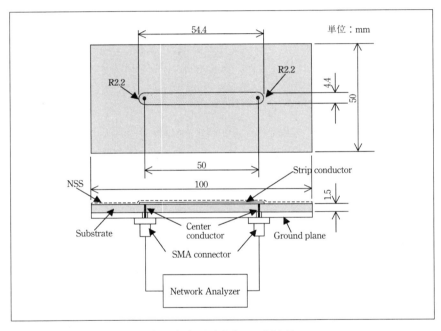

〔図1〕伝送減衰率R_{tp}の測定法

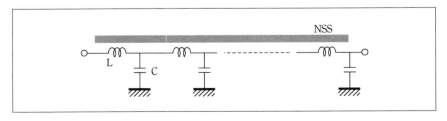

〔図2〕分布定数線路にNSSが装荷された状態

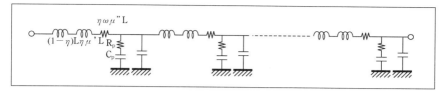

〔図3〕直列抵抗モデル

3−1−1 磁気的損失

Lの一部分ηLのみが複素透磁率$\mu=\mu'-j\mu''$に比例する。$(1-\eta)L$は空芯と見なす。磁気的損失分は図3の直列抵抗R_mで表わすと次のようになる。

$$R_m = \eta\omega\mu'' L \quad \cdots (3\text{-}2)$$

ここで、複素透磁率$\mu=\mu'-j\mu''$は、(2-5)式にGilbert型緩和係数α_mを考慮した次式を用いる。

$$\mu' = 1 + \omega_m\{AB^2 - B\omega^2 + (\omega\alpha_m)^2 A\}/D \quad \cdots (3\text{-}3a)$$
$$\mu'' = \omega_m \omega\alpha_m\{B^2 + \omega^2(1+\alpha_m^2)\}/D \quad \cdots (3\text{-}3b)$$
$$A = \omega_i + \omega_m N_x = \omega_{ext} + \omega_m(N_x - N_z) \quad \cdots (3\text{-}3c)$$
$$B = \omega_{ext} + \omega_m(N_x - N_y) \quad \cdots (3\text{-}3d)$$
$$D = \{AB - \omega^2(1+\alpha_m^2)\}^2 + (\omega\alpha_m)^2(A+B)^2 \quad \cdots (3\text{-}3e)$$
$$\omega_i = \gamma Hi = \gamma(H_{ext} - N_z M_s/\mu_o) \quad \omega_m = \gamma M_s/\mu_o \quad \cdots (3\text{-}3f)$$

ただし、ここでは、シートを理想的な薄板と仮定して、$N_x=N_z=0$, $N_y=1$を用いた。

3−1−2 電気的損失

電気的損失を、図3のR_pとC_pの直列回路がCに並列に接続されている形で示した。このモデルは、マイクロストリップ線路の垂直断面図である図4に示すように、装荷されたNSSが抵抗体R_pと静電容量C_pとして作用する考えに基づいている。

R_pはNSSを通して発生する浮遊容量C_pに直列に入る等価抵抗であり、シートの固有抵抗ρと厚さtで表わされる面抵抗R_s

$$R_s = \rho/t \tag{3-4}$$

と密接に関連している。図4でwはストリップ線路の幅、dはプリント基板の厚み、tはNSSの厚みである。また、wはこのモデルの特徴的なパラメータでNSSの作用幅と呼ばれるもので、NSSがストリップ線路の幅方向に実質的に作用している幅である。このとき、R_pとC_pは近似的に次のように表わされる。

$$R_p = \rho w/t = R_s w \tag{3-5a}$$
$$C_p = \varepsilon \, \varepsilon_0 ow/d \tag{3-5b}$$

ただし、ρは固有抵抗値、ε_0は真空の誘電率、εはプリント基板の比誘電率である。作用幅wは最後まで特定できないあいまいなパラメータであるが、本モデルでは重要な役割を果たす。すなわち、作用幅は面抵抗R_sの関数であると考える。面抵抗R_sが小さくなればC_pの影響は遠くまで及ぶであろうし、大きくなればストリップ線路近傍に集中するということである。これを線形近似でA，B，Cパラメータを導入して次のように表わすことにする。

$$w = \{A/(R_s+C)\} + B \tag{3-6}$$

この式の意味するところは、材料が絶縁体でR_sが無限に大きくなってもwがゼロとならずにパラメータBに収斂すること、金属に近くなってR_sがゼロに近づいてもwが無限大とならないようにパラメータCを入れていることである。

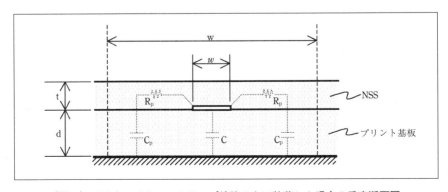

〔図4〕NSSをマイクロストリップ線路の上に装荷した場合の垂直断面図

3−2 R_{tp}とP_{loss}/P_{in}の計算方法

単位長当たりのインピーダンスZは、

$$Z=\eta\omega\mu''L+j\omega L(1-\eta+\eta\mu')=A_r+jA_i \quad \text{(3-7a)}$$

となる。また、単位長当たりのアドミッタンスYは次のようになる。

$$Y=(\omega C_p)^2 R_p/\{1+(\omega C_p R_p)^2\}+j\omega[C+C_p/\{1+(\omega C_p R_p)^2\}]=B_r+jB_i \quad \text{(3-7b)}$$

回路理論により、伝播定数$\gamma=\alpha+j\beta$において、単位長当たりのインピーダンスZとアドミッタンスYとの間に次のような関係がある。

$$\gamma=\alpha+j\beta=(ZY)^{1/2} \quad \text{(3-8)}$$

結局、実数部分については次式を得る。

$$\alpha=-[(a/2)+\{(a/2)^2+(b/2)^2\}^{1/2}]^{1/2} \quad \text{(3-9a)}$$

αをマイナスとしたのは、波の進行と共に減衰する波を対象としているためである。

虚数部分については次のようになる。

$$\beta=\pm[-(a/2)+\{(b/2)^2+(b/2)^2\}^{1/2}]^{1/2} \quad \text{(3-9b)}$$

ただし、

$$a=A_r B_r - A_i B_i \quad \text{(3-10a)}$$
$$b=A_i B_r + B_i A_r \quad \text{(3-10b)}$$

である。

ストリップラインの線路長$z=0.05$mとすると、R_{tp}とP_{loss}/P_{in}は次のように計算される。

$$R_{tp}=-20\log\{\exp(\alpha z)\} \quad \text{(3-11a)}$$
$$P_{loss}/P_{in}=1-\exp(2\alpha z) \quad \text{(3-11b)}$$

国際規格[3]では、(3-1a)式・(3-1b)式に示すように、S_{11}も計算するようにな

っているが、伝播定数 α は正味の減衰を示すので、上式だけで R_{tp} と P_{loss}/P_{in} を表わしていると考える。ただし、線路内の多重反射は考えていない。実際には入力と出力の接続部分で反射が起こる。これは実験で S_{11} が10dB以下であれば問題ないと考えているが、反射が大きい場合には考慮する必要がある。

3－3　計算結果と考察

図5は、磁性がある場合（$4\pi M_s$=8000G）とない場合（$4\pi M_s$=0G）のときの P_{loss}/P_{in} の周波数特性を示す。ただし、他のパラメータは次のとおりである。η=8×10^{-4}、H_a=100Oe、α_m=0.1、A=10Ωm、B=5Ω、C=1mm、R_s=10Ω、L=163nH/m、C=65.2pF/m、z=50mm。図5からわかるように、2.5GHzに自然共鳴周波数を有する磁気的性質を付与することにより、この周波数帯での吸収特性を急峻にすることができる。

図6は、磁性がある場合の P_{loss}/P_{in} の周波数特性を、面抵抗 R_s をパラメータとして計算した場合である。その他のパラメータは図5と同じものを用いた。R_s が100Ωのときに2GHz以上の周波数で P_{loss}/P_{in} が最大となる。

図7は、周波数をパラメータに、横軸を面抵抗 R_s に、縦軸に P_{loss}/P_{in} をとった場合の特性図である。周波数が低くなるにつれて、P_{loss}/P_{in} のピークの周波数は高周波側に移る。6GHzでは、最適面抵抗 R_s は100Ωである。

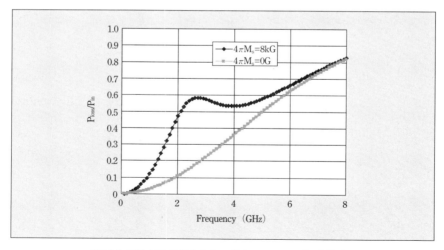

〔図5〕磁性がある場合とない場合の P_{loss}/P_{in} の周波数特性

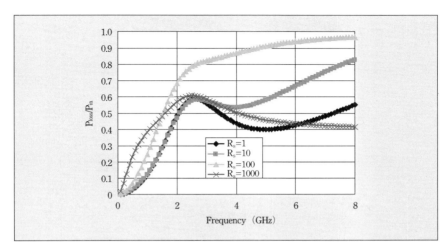

〔図6〕 面抵抗を変化させた場合のP_{loss}/P_{in}の周波数特性（磁性あり）

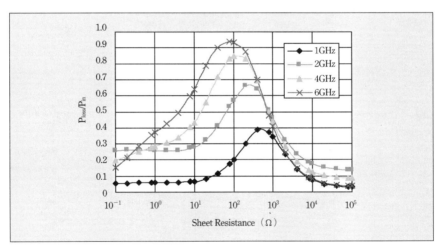

〔図7〕 面抵抗R_sに対するP_{loss}/P_{in}の変化（パラメータは周波数）

　図8は本モデルで計算した面抵抗依存性を、大沼ら[8]のデータと比較したものである。連続曲線の実線、点線、一点鎖線が、図7における6GHz, 2GHz, 1GHzに相当した計算結果である。6GHzでR_s=100Ω近傍でピークをとるという大沼らのデータをほぼ説明できる。2GHz, 1GHzの場合、面抵抗の小さい部分

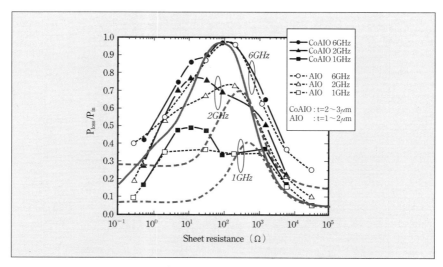

〔図8〕大沼ら[8]のデータ(凡例付き)と本モデルによる計算結果(連続曲線)の比較

で実験との間に違いが見られた。これは本モデルで磁気特性が一定、すなわち自然共鳴周波数が一定と仮定したが、実際の実験ではそれが必ずしも同じではないことも考えられるので、一概に計算が間違っているとは言えない。また、本モデルでは、作用幅wは単純にR_sのみにより変化するとしたが、実際には周波数特性を持つものと思われる。これらのことを考慮した電磁界シミュレータの解析結果は丸田ら[13,14]によって報告されているが、本計算結果とほぼ似通っていることは興味深い。

本モデルによる計算結果をまとめて考察する。面抵抗R_s=100Ωを中心にしてP_{loss}/P_{in}にピークが見られる現象は、図3の等価回路より明らかであるが、単位長当たりのLとCの値に強く依存している。すなわち、特性インピーダンス50Ωのマイクロストリップ線路を測定治具として使用している当然の帰結であると考えられる。したがって、実用に当たっては、EMCもしくはEMI対策しようとする回路の特性インピーダンスをあらかじめ掴んでおく必要がある。高ければ、面抵抗が高めのNSSを、低ければ低めのNSSを選択することが賢明である。

4．結言

本論では、これまでの磁性材料製品イメージとは大きく異なる「ノイズ抑制シートNSS」というものを設計する場合、もしくは使用する場合にどのようなことを考慮すべきかを、著者独自の視点で述べた。要点をまとめると、以下のとおりである。

(1) 金属磁性粒子の形状としては、偏平もしくは針状のものが適している。
(2) 金属磁性粒子の飽和磁化は大きければ大きいほどよい。
(3) 金属磁性粒子の自然共鳴周波数を制御し、それを減衰したい信号の周波数に合わせる必要がある。
(4) 面抵抗には最適値があり、その値は対策すべき回路の特性インピーダンスによって変化する。

NSSが対象とするEMC/EMIの問題が大きい割には、本研究の視点が低すぎるというご批判をいただくかもしれないが、本報告で示した考え方がNSSを研究開発する人や、EMC/EMIに携わる研究者に少しでも参考になれば幸いである。また、より高周波のGHz帯磁性材料開発の観点からすれば、多磁区構造を前提として理論展開が不可欠であり、今後これに基づいた新しい提案がなされることを期待したい。

なお、本研究の成果は、IEC TC-51 WG-10の活動を通じて触発され、完成したことを付記する。終始激励とご援助を承りましたTC-51の平塚信之委員長(埼玉大学)、三井正国際幹事(TDK)、および事務局を担当され、細部にわたりいろいろお世話いただきました有馬和雄氏(JEITA)に感謝申し上げます。また、熱心かつ有益なご討論とご助言をいただいたW10の小川共三前主査(日立金属)、小野裕司幹事(NECトーキン)、吉田栄吉プロジェクトリーダー(NECトーキン)およびWG-10のメンバーの方々に厚くお礼申し上げます。

参考文献

1) 吉田栄吉:「特集 電波吸収体の新しい局面」,エレクトロニクス,2000年12月号
2) 狩集浩志:「シートを張って電磁波対策」,日経エレクトロニクス,pp.62-68,2004年8月2日号

3）IEC 62333-1, -2, 2006.5
4）C. L. Hogan："The Element of Nonreciprocal Microwave Devices", IRE Proc., vol.44, Oct., pp.1345-1368, 1956
5）近角聡信：「強磁性体の物理（下）」, 裳華房p.325, 1991年
6）佐藤, 吉田, 菅原, 島田：「偏平状センダスト・ポリマー複合体の透磁率と電磁波吸収特性」, 日本応用磁気学会, 20, pp.421-424, 1996年
7）吉田, 佐藤, 菅原, 島田：「偏平状Fe-Si-Al合金粉末・ポリマーマトリックスの透磁率と電磁波干渉抑制効果」, 日本金属学会誌, 第63巻, 第2号, pp.237-242, 1999年
8）S.Ohnuma, T.Iwase, H.Ono, M.Yamaguchi, T.Masumoto："Role of Sheet Resistance and Magnetic Loss on a Near Field Noise on a Microwave Transmission Line", Intermag Asia 2005, CE02
9）吉田, 安藤, 小野, 島田：「偏平状センダスト粉末・ポリマー複合体の透磁率と伝導雑音抑制効果」, 日本応用磁気学会誌, 26, pp.843-849, 2002年
10）吉田, 安藤, 島田, 山口, 鈴木, 野村, 深道：「長時間鍛造した偏平状センダスト粉末・ポリマー複合体のマイクロ波帯透磁率」, 日本応用磁気学会誌, 26, pp.850-854, 2002年
11）武田, 鈴木：「NSSのシート抵抗と伝送減衰率P_{loss}/P_{in}の関係の回路解析」, 電子情報通信学会 2007年総合大会, 講演番号, B-4-86
12）鈴木茂夫：「高周波技術入門」, 日刊工業新聞社, p.57, 2004年
13）丸田, 山口, 小野：「ノイズ抑制シートのFEM特性評価シミュレーション」, 電子情報通信学会総合大会, B4-51, 2005年
14）K.Maruta, M.Yamaguchi, H.Ono："Operation Mechanism of RF Electromagnetic Noise Suppression Sheets", Intermag Asia, 2005

第2章

ノイズ抑制用軟磁性材料

磁性材料とノイズ

はじめに

　磁性材料応用の起源はたいへん古く、自然界の磁石を利用することに始まった。3,000年前の中国では自然石による羅針盤（方位磁石）が実用化され、今も指南という言葉に残っている。2,600年前にはギリシャ時代のマグネシア地方で産出された磁鉄鉱が実用化され「マグネット（磁石）」の語源となっている。鉄が生産されるようになると、焼きなました軟鉄と焼き入れした硬い鉄の磁気的性質がずいぶん異なるところに発して、200年ほど前に軟磁性、硬磁性の分類が生まれた。高度な磁性研究や応用が加速度的に発展するのは、100年ほど前からになる。さらに斯界における戦後日本の寄与は産学ともにめざましく世界をリードし、その一翼はIEC/TC 51[1)]が担い、世界の品質を標準化の面から守る先鋒として活躍している。

　この分野は今後さらに発展しなくてはならない。そこで、本稿では、ノイズ用磁性材料に最も基本的に要請される事項をとりまとめ、磁性材料とノイズとの関連をできるだけ幅広く概観し、寸説を加えて技術者の参考に供するものとする。

1. 硬磁性材料と軟磁性材料

　磁性材料は硬磁性と軟磁性に大別される。現在の代表的な実用硬磁性材料には、NdFeB、NdFeボンド磁石、LaCoSrフェライト（$La_xSr_{1-x}Fe_{12}O_{19}$）などがある。同様に、代表的な実用軟磁性材料は、金属系のパーマロイ、アモルファス、ナノ結晶軟磁性材、電磁（珪素）鋼板、カーボニル鉄粉、酸化物系のMnZnフェライト、NiZn系フェライト、ガーネット系フェライト、フェロックスプラナ、M型フェライトなどが挙げられる。

　これらは外部磁界に対する磁気的な頑固さである保磁力（抗磁力）H_cによって特徴付けられ、飽和磁束密度B_sや透磁率[2)] μを始めとする各種特性の周波数依存性などでそのパフォーマンスが評価される。例えば、飽和磁束密度B_sは保磁力H_cに着目してまとめると図1のようになる。

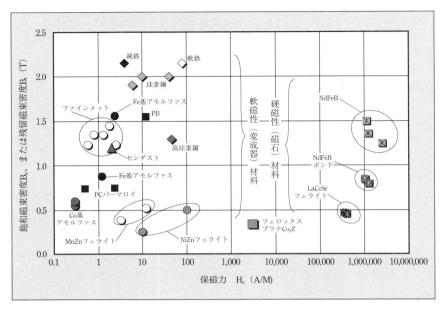

〔図1〕工業用主要磁性材料の飽和磁束密度と保磁力

2. 磁性材料とノイズ

コイル用のノイズ関連磁性材料という観点から見ると、磁性材料はコイルのインピーダンスZを増加させ、ノイズが発生する周波数帯でZが高抵抗となるような機能を提供できるところに特長がある。

言うまでもなく、ノイズ関連磁性材料は、コイルの他にも、電波吸収体、ノイズ抑制シート(NSS)、磁気シールドなどにも用いる。いずれもコイルと同様に「該当する周波数や周辺環境などの条件下における透磁率の大きさ」が機能の高さに直結する。この点、コイル用としての議論と共通するので、本稿ではコイル用としてノイズ関連磁性材料を説明する。

コイルのインピーダンス$\dot{Z}$は、次のように表わされる。

$$\dot{Z}=\dot{\mu_e}\cdot\dot{Z_0}$$
$$=(\mu_e'-j\mu_e'')\cdot(j\omega L_0)$$
$$=\omega\mu_e''L_0+j\omega\mu_e'L_0$$
$$=R+jX \quad\quad\quad\quad\quad\quad\quad\quad\quad\quad\quad\quad\quad\quad\quad\quad (1)$$

ここで、
- $\dot{Z}$ ：コイルのインピーダンス
- $\dot{Z}_0$ ：コイル単体（空芯）のインピーダンス
- ω ：角周波数（$=2\pi f$）
- $\dot{\mu}_e$ ：実効透磁率
- μ_e' ：実効透磁率の実数部
- μ_e'' ：実効透磁率の虚数部
- L_0 ：コイル単体（空芯）のインダクタンス
- R ：レジスタンス（$\dot{Z}$の実数部）
- X ：リアクタンス（$\dot{Z}$の虚数部）

である。

式(1)で磁性材料の透磁率と実際に有効な透磁率（実効透磁率）とは異なる場合が多いので特に注意を要する。実効透磁率は材料の透磁率とその材料が構成する磁路（磁気回路）によって決まるもので、ギャップ付リングコア（図2）を例にとって以下に説明する。

磁路長に比例し、透磁率と断面積に逆比例する磁気抵抗$\dot{R}_m$は、次のように表わされる。

$$\dot{R}_m = (l - g)/(A\dot{\mu}\mu_0) + g/(A\mu_0) \quad \cdots\cdots (2)$$

この磁気抵抗を実効透磁率$\dot{\mu}_e$を用いて、

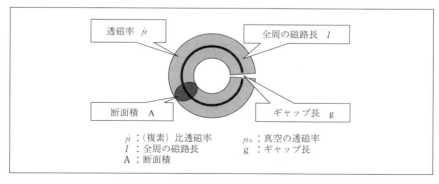

〔図2〕リング形状における実効透磁率の計算

$$\dot{R}_m = l/(A\dot{\mu}_e\mu_0) \quad \text{..(3)}$$

と表わせば、式(2)および式(3)より、

$$l/\dot{\mu}_e = (1-g/l)/\dot{\mu} + g/l \quad \text{..(4)}$$

さらにギャップ率g/lをNと表わせば、

$$\dot{\mu}_e = \dot{\mu}/(N(\dot{\mu}-1)+1) \quad \text{..(5)}$$

となる。これはリング形状での計算例であるから、Nはギャップ率だが、Nを反磁場係数と読み替えれば、式(5)はより一般的な形状にも適用できる。ただし、この式で注意すべきことは、ギャップ部の断面積Aがコア部のそれに等しいという仮定である。この仮定が崩れる範囲にまで式を拡大して適用してはならない。式(5)によれば、$\dot{\mu}$値が充分大きいとき、

$$\dot{\mu}_e \simeq 1/N \quad (\text{ただし}\ \dot{\mu} \gg 1/N) \quad \text{..............................(6)}$$

となり、実効透磁率$\dot{\mu}_e$はギャップ率（または反磁場係数）の逆数を超えない。例えば1%でもギャップがあると$\dot{\mu}_e$は高々100である。実形状での透磁率（実効透磁率）が磁性材料のカタログなどに示される透磁率と誤用されることも少なくない。

　硬磁性材料（磁石材料）の場合は透磁率がほぼ1であり、式(1)～(5)の議論は用をなさない。したがってこの材料が直接ノイズ関連材料として寄与する所はないと言える。しかし間接的に透磁率に影響を与える機能の例として、軟磁性材料で構成する磁気回路中に永久磁石を挿入することでヒステリシスの動作点を移動させる用法や、磁気回路に垂直な方向に外部磁場を与えてマイクロ波用途に有用なテンソル透磁率を発現させる用法があるので、副次的な寄与までないとするのは早計だろう。

　半硬磁性材料と呼ばれる材料がある。フェライト系ではメモリー用途のMnMgZnフェライトがその代表で比較的小さいB_mやH_cの角形ヒステリシスを持つ。これら、用途上限定される材料がノイズ関連磁性材料として注目されることはあまりない。

3. 汎用軟磁性材料とミリ波マイクロ波用軟磁性材料
3－1 金属系軟磁性材料

　金属系の実用軟磁性材料は、鉄（Fe）を主成分とする非酸化物の材料であり、高透磁率や高飽和磁束密度の特長を持つが、フェライトに較べると抵抗率が小さいので比較的低周波の用途で多用される。

　カーボニル鉄は粉末成形用の金属系軟磁性材料である。透磁率はさほど大きくないがオニオン構造の組織が渦電流を抑制するので、金属材料としては破格の高周波特性を有する。この特長を活かしたノイズ関連製品には、ラインフィルター、電波吸収体材料などがある。

　電磁鋼板は珪素鋼板の系列でSi含有Fe板である。古くから商用トランス材料として多用されてきたが、組成中のSiを多量に偏在させる製造技術によって磁気損失（コアロス）が飛躍的に改善したので、従来型の珪素鋼板と区別して電磁鋼板と呼び分けるようになった。現在はトランスを主用途とするが、ノイズ関連用途にも拡大しつつある。

　パーマロイはFeにNiを35～81重量％含有する材料群の総称であり、特に高Ni組成の材料は熱処理すれば高透磁率となり、代表的な磁気シールド材料の1つである。

　アモルファスは非晶質材料の総称であるが、実用軟磁性材料として見ればFe基とCo基に大別される。Fe基アモルファスは高飽和磁束密度の特長を持ち、ラインフィルターに適した材料である。Co基アモルファスは高透磁率であり、磁気シールドやノイズフィルターに適した材料である。

　ナノ結晶金属磁性材料はベースをFe基アモルファスとし、これを熱処理によりナノ結晶化したものである。高透磁率、高飽和磁束密度と低損失をあわせ持つので、CMC（コモンモードチョーク）用を始め幅広く応用される。アモルファスとナノ結晶磁性材料の詳細は後述する。

3－2 スピネル系フェライト

　スピネル型の結晶構造を有するスピネル系フェライトは、MFe_2O_3の組成（Mは2価の金属）からなり、ソフトフェライトと呼ばれる。MがMn、Zn、(Fe)であるものをMnZnフェライトと称し、比較的大きい透磁率が得られる。Mが主にNi、Zn、(Cu)であるものをNiZnフェライトと称し、組成中のZnの量が多

いほど高い透磁率を有し、少ないほど高周波まで低損失となる。これらの材料は酸化物であるから、材料の抵抗率が大きく渦電流損失が少ない。したがって高周波特性に優れ、MHz帯以上ではノイズ関連用途の中心的な材料となっている。

3—3 ガーネット系フェライト

ガーネット型の結晶構造を有するガーネット系フェライトは$Gd_xY_{3-x}Fe_5O_{12}$（Gd置換型YIG）が代表的である。この材料は磁石による外部静磁界下でサーキュレーターなどのマイクロ波デバイスとなる。外部磁界がない場合の特性にはさしたる特長もないので、ノイズ関連材料としてはこれまで着目されてきていない。

3—4 六方晶系フェライト

GHz帯以上、ミリ波などでの軟磁性材料は、硬磁性材料と類似の六方晶構造を持つ材料が有効となる。M型フェライトやフェロックスプラナがその典型例である。

M型フェライトは永久磁石用のBaフェライトやSrフェライトを原組成とし、成分の一部をTi、Ca、Cu、Coなどと置換し、比較的低い周波数帯まで使えるようにした材料である。原型となるBaフェライトのミリ波への応用研究は50年以上も前にソヴィエトなどで軍事用途での研究がなされていたが、民生用に活発な研究が行われ実用的なM型フェライトとして提案され始めたのは、ここ10年ほどのことである。ノイズ関連材料としては、マイクロ波、ミリ波の電波吸収体に応用されている。

フェロックスプラナは六方晶系の1つであるが、M型とは異なる組成点をとり、W型（$Ba_1M_2Fe_{16}O_{27}$）、Y型（$Ba_2M_2Fe_{12}O_{22}$）、Z型（$Ba_3M_2Fe_{24}O_{41}$）の3種類（式中のMは2価の金属）に類型される。この内、Y型やMをCoとするZ型は磁化容易「面」を持つので、これを配向させれば平面的に閉じた磁気回路を構成する場合に好都合である。フェロックスプラナの特長が発揮される周波数帯は1GHzを超えるところにあり、旧ノイズ規制の対象外の周波数帯域だったためにノイズ関連用途での実用例は少なかったが、規制帯域の高周波への拡大に伴い今後の展開が楽しみな材料である。

3—5 その他の磁性材料 補足

磁性材料の種類や用途は幅広く、一般的な用途の他にもフェライトのキュリー点を利用した温度スイッチ、磁歪を積極的に活用したアクチュエーター、超微粉末による磁性流体、静磁波共鳴を利用した静磁波素子、複写機のトナー、爆薬のマーカーなどの特殊用途も含み多種多様である。特殊用途のように利用目的が限定された材料はその常として、他目的であるところのノイズという観点からは着目されないが、将来の新しいノイズデバイスの温床になるかもしれない。

4．おわりに

磁性材料を網羅して説明しようとすれば、磁石から最先端の高周波技術までと、あまりにも対象範囲が広い。そのため通常は、より狭い材料分野に絞り込んで説明する。しかし、ふだん隅々に目を配る技術者こそ、ときどき息を吸って広く辺りを見回し、自分の技術を省みたい。

ノイズ関連も規制範囲や応用範囲の高周波対応が進んでいるなか、マイクロ波ミリ波用の軟磁性材料は硬磁性（磁石）材料と似たものになってきている。こんな世の中ではノイズ関連軟磁性材料の技術者も、できるだけ広く材料をとらえて従来と今と今後の技術を共有したい、との思いで本稿をとりまとめた。

補注

1）IEC,「磁性部品及びフェライト材料等」：国際電気標準会議（International Electrotechnical Commission），TC51：Technical committee
2）本稿では比透磁率で記述する。

金属系軟磁性材料

はじめに

本稿では、金属軟磁性材料のノイズ環境に関わる応用例を概観し、具体例をとりわけナノ結晶軟磁性材料について詳述する。

1．3種類の金属系軟磁性材料

代表的な軟磁性材料の磁気特性と主用途を表1にまとめて示す。また、材料の透磁率と飽和磁束密度に着目した特性地図を図1に示す。図1は概要を把握するためのもので領域の閾値は不正確である。また、高周波特性や損失特性などの応用上重要な他の要因を含んでいない。したがって、設計等にあたっては個別に材料特性の確認を必要とする。

一般に金属磁性材料は酸化物磁性材料に較べて（低周波帯域では）高い磁気性能を示す。

通常の金属は結晶構造を持っており、磁性材料では結晶方向によって磁化の容易度が異なる。これは結晶磁気異方性と呼ばれるもので、例として軟鉄（Fe）単結晶でみると、[100]（結晶格子の軸方向）は磁化容易方向、[111]（結晶格子の体対角方向）は磁化困難方向で前者の初磁化率は後者のおよそ1.5倍となる。このような異方性は材料の自由な磁化を妨げるので、軟磁性材料の場合は透磁率を下げる原因の1つとなる。なお、よく知られているように、軟鉄を炭火中で赤熱したのち急冷（焼き入れ）すると鋼鉄になる。このとき、炭素原子CはC軸上に配列し結晶系は立方晶からC軸だけが少し伸びた正方晶に変わる（マルテンサイト変態という）。こうなると、材料の異方性定数は格段に大きくなり、鋼鉄は硬磁性（方位磁石用）となる。

Feを主成分としある種の「副成分」を含む材料は、製作プロセスの最初の状態、すなわち溶解した状態から極めて急速に冷却して固化すると、原子の整列が充分に進まず長周期配列の崩れたアモルファス構造となり、結晶磁気異方性の小さい、すなわち比較的高い透磁率の磁性材料となる。上記の「副成分」は重要で、急冷時に原子が少しでも整列しづらいように、かつ磁性材料としての

[表1] 代表的な軟磁性材料の磁気特性と主用途

	材料	代表組成	代表的板厚 (mm)	飽和磁束密度 B_s (T)	角形比 B_r/B_s (%)	保磁力 H_c (A/m)	初透磁率 μ_i (×10³)	比抵抗 ρ (μΩm)	コア損失 P_{cv} @100kHz 0.2T (kW/m³)	飽和磁歪定数 λ_s (×10⁻⁶)	キュリー温度 T_c (℃)	主用途
金属・合金 結晶質 Fe	純鉄	Fe		2.15		4	10	0.09		4.5	700	磁極
	軟鉄	Fe		2.15		80	0.2	0.1			700	磁気シールド、継電器
Fe-Si (珪素鋼板)	方向性珪素鋼板	Fe-3.5Si	0.23	2		10	2.3	0.48		-0.8	750	電力用トランス
	無方向性珪素鋼板	Fe-3.5Si	0.05	1.9	85	6		0.48	8400	-0.8	750	高周波トランス、回転機
	高珪素鋼板	Fe-6.5Si	0.2	2		40	1.3	0.57		7.8	750	回転機
Fe-Si-Al	センダスト系	Fe-6.5Si	0.05	1.3	63	45		0.82	5800	0.1	700	高周波トランス、回転機
パーマロイ	PBパーマロイ	Fe-9.5Si-5.5Al		1.2		2	30	0.85		~0	500	磁気ヘッド、磁気シールド
	PC系；高μ材	Fe-50Ni系	0.025	1.55	95	12	2.5	0.5	3400	25	500	継電器、磁気シールド
	PC系；高角形比材	Fe-80Ni系	0.025	0.74	55	0.5	20	0.55	1000	~0	460	磁気ヘッド、磁気シールド
			0.025	0.74	85	2.4		0.55	1200	~0	460	電源用リアクトル
非晶質 アモルファス	Fe基	Fe-Si-B	0.025	1.56	83	2.4	15	1.4	2200	27	415	電力用トランス、ノイズフィルタ チョークコイル他
	Fe基；高μ材	Fe-Ni-Mo-B	0.03	0.88	74	1.2	75	1.4		12	350	磁気センサ他
	Co基；高μ材	Co-Fe-Si-B-M	0.02	0.55	5	0.3		1.3	280	~0	180	ノイズフィルタ、磁気センサ
	Co基；高角形比材		0.02	0.6	85	0.3		1.3	460	~0	210	電源用リアクトル
ナノ結晶	ファインメット 中角形比材		0.018	1.45	52	1.8		1.1	500	5.5	>600	ノイズフィルタ
				1.35	60	1.3		1.1	350	2.3	~570	高周波トランス・リアクトル
				1.23	50	2.5		1.2	300	~0	~570	チョークコイル、磁気シールド
	ファインメット 高角形比材	Fe-Cu-Nb-Si-B	0.018	1.35	90	0.8		1.1	950	2.3	~570	パルスパワー用磁気スイッチ
				1.23	89	0.6		1.2	600	~0	~570	電源用リアクトル
	ファインメット 低角形比材		0.018	1.23	5	0.6	15	1.2	250	~0	~570	ノイズフィルタ
酸化物 ソフトフェライト	Mn-Zn系高μ材	(MnZnFe)O·Fe₂O₃	バルク 1~100	0.38	37	3.2	15	10mΩm		-0.6	>110	高周波リアクトル
	Mn-Zn低損失材			0.52	25	12	2.5	8Ωm	250 (80℃)		>220	RFトランス, RFインダクタ, RFチョーク, ヨーク, ノイズフィルタ (CMC, ラインフィルタ), LCフィルタ, セシト, アンテナ, 電波吸収体, 整合トランス
	Ni-Znフェライト	(NiZnCu)O·Fe₂O₃		0.25~0.5	15~70	10~100	0.01~1.5	>1 MΩm		-5~-30	110~500	DCDCコンバータトランス, インバータトランス, 昇圧トランス, 駆動トランス
フェロックスプラナ	CoZZ	Ba3Co2Fe24O41	バルク	0.34		数千	0.015	~100kΩm			410	伝送トランス

性能を確保するように選択される。実用的なアモルファス金属軟磁性材料はその組成系からFe基とCo基に大別され、その特徴は前者については高飽和磁束密度（相対的に低透磁率）、後者は高透磁率（相対的に低い飽和磁束密度）である。

材料の磁気特性の内、透磁率やコアロスは構造敏感性であるとされる。その構造因子の代表である結晶粒子（アモルファスならアモルファス粒子）のサイズは通常$1\mu m$～$100\mu m$程度で、製造プロセスによって管理制御し用途に適合させる。この粒子サイズは大きいほど透磁率が上がり、コアロス（特に高周波帯域）が大となるので、従来、両特性はトレードオフの関係にあった。

アモルファスは、副成分を選択して500℃内外で熱処理すれば、再び結晶となり、この結晶が直径数十nmになれば上記トレードオフの図式は大幅に変わる。1988年、吉沢らの発明によるナノ結晶軟磁性材料「ファインメット®」（当社の登録商標、以下商標記号を省略）がそれである。この材料はFe基であり、高飽和磁束密度、高透磁率、低コアロスを同時に実現している。このような高性能が発揮されたのは単に粒子径がナノサイズだったことのみによるものではなく、微結晶粒子間に少量存在するアモルファス相が結晶粒子間の磁気的な相互作用を強めるという、それまで知られていなかった効果によるものであることが、氏らによる後の研究で明らかになった。同様の効果はメカノケミカル磁性アロイなど他の系列の材料でも確認されている。

2．アモルファス金属磁性材料と応用

実用的なアモルファス軟磁性材料の例は表1の通りであるが、Fe基アモルファスの代表的な副成分はSi, B、同様にFe基（高μ）アモルファスにはNi, Mo, B、Co基アモルファスには Si, B, M （MはCr, Mo, Ni, Mnなど）の代表的な副成分が用いられる。これらの組成で100万℃/秒にも及ぶ急冷を行うことによってアモルファスとなるが、充分な冷却速度を確保するために製作時の初期形態は厚さ$10\mu m$～$100\mu m$の薄帯（リボン状）で、この薄帯に、カット、積層、配列、絶縁・固定処理、再熱処理（磁場中・無磁場中）、巻線などの加工を施して、所要の性能・形状の製品に作り上げる。

Fe基アモルファスは比較的高い飽和磁束密度を有し、数十kHzまで低コアロ

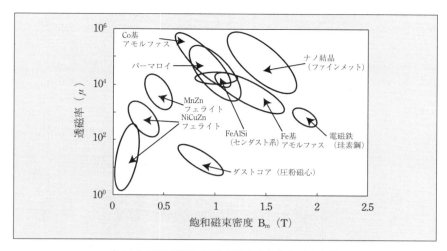

〔図1〕実用軟磁性材料の透磁率と飽和磁束密度

ス(発熱が少ない)を維持し、素材が比較的安価なので、配電用や業務設備用ほかのトランス、モーターなどの磁気ヨーク、チョークコイル、ノイズフィルタ、磁気シールドや磁気センサなどに広く用いられる。電磁鋼板のトランスに較べると、低損失の特長を活かして高効率のトランスやヨークが設計できる。とりわけ高周波で駆動する設計ではトランスやヨークの小型化が可能となり、低損失のメリットはますます拡大する。泣き所は図1に示すとおり飽和磁束密度B_sにある。すなわち電磁鋼板ほどのB_sは得られないので限界パワーを下げた設計となること、および製法上100μm以上の厚肉の薄帯が得難く占積率の影響で見かけのB_sがさらに下がりやすいことである。

　Co基アモルファスの特長が高透磁率にあることはすでに述べたが、その他の特長として価格と酸化性に触れておきたい。価格面ではCo原料を多量に含有するため、素原料価格の影響を免れず比較的高価である。特に素原料価格が大幅に変動すればこれに連動する形で部品価格の変動が見られる。酸化性については、Fe基のアモルファスやナノ結晶の軟磁性金属よりも錆びにくく、この面での取り扱いは比較的容易と言える。

　このような特長を活かした応用製品は、パルストランス、センサ、アンテナ、各種用途の磁気シールド、RF-ID関連(RF-IDアンテナ、タグ—金属セパレータ)

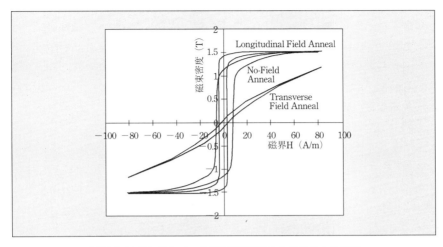

〔図2〕Fe基アモルファスの熱処理方法とヒステリシス曲線

など、多岐にわたる。興味深いところでは角形ヒステリシス材における増分透磁率の高さを活用した「磁気シェイキング」[1]の研究がある。この方法によれば、極めて大きな増分透磁率が得られ高度な磁気シールド空間が形成できる。

磁性材料に熱処理を施すと磁気特性が変化する。磁場中での熱処理ではさらに変化する。Fe基アモルファスの場合でみると、図2に示すとおりヒステリシスの変化がひと目でわかるほどの影響を受けるので、材質特性を大幅に変更や調整することができる。この点は、程度の多少はあるものの、Co基アモルファスやナノ結晶軟磁性材料でも同様である。

3．ナノ結晶金属磁性材料

ナノ結晶軟磁性金属材料の詳細について、ファインメットを例にとって詳述する。

まず、Feを主成分とし、これにSiとBおよび微量のCuとNbを添加した高温融液（溶湯）を単ロール法により約100万℃/秒で急冷固化すると、この段階で厚さ約20μmのアモルファスリボンができる。これを密に巻き取ってコイル状に成形した後、結晶化温度直上で、酸化しないようにN_2やArなどの不活性ガス雰囲気中で熱処理して10nm程度のナノ結晶からなる、ファインメットが製造さ

れる。この熱処理中の材料の変化を説明すると、まずアモルファス相の中にCuに富む領域（Cuクラスタ）が形成され、そのCu相の界面からbcc（体心立方晶）のFe相が結晶化を始めFe (-Si)相の形成と結晶化が進行する。同時にbcc Fe (-Si)相の周囲にNbとBに富む結晶化温度の高いアモルファス相が残存し、これが安定化され結晶粒の成長が抑制される。

前項でも触れたように従来の結晶質軟磁性材料の粒径は、1μmよりもはるかに大きく、これが小さくなるほど軟磁気特性が悪化しH_cは増加する。このため、従来は多くの場合、熱処理によって結晶などの粒径を成長させて軟磁気特性を改善してきた。ところが粒径を10nm程度とするファインメットが開発されて従来とは異なる性質が明らかとなり、軟磁気特性の大幅な改善が実現した。粒径の従来領域では、保磁力H_cは粒径Dの逆数に比例するが、ナノオーダー領域では粒径Dの2乗～6乗に比例し、逆の依存性となる。この様子を組成系の異なる報告例で図3に示す。

このようにして得られたファインメットの性能は夢の磁性材料と言われるに相応しいもので、以下に列挙するような数々の特長を持つ。

(1) 飽和磁束密度B_sと透磁率μの双方が高い

飽和磁束密度B_sはFe基、透磁率μはCo基のアモルファスとほぼ同程度（図1参照）である。

(2) 熱処理による特性制御

B-H曲線の角形比が、熱処理によって高・中・低と制御できる。ファインメットのFT-3組成の材料を例にとると閉磁路コアに磁路方向の直流磁界を印加して熱処理したFT-3H、磁界を印加せずに熱処理したFT-3M、および磁路と垂直方向の直流磁界を印加して熱処理したFT-3Lというように、材質名を付して供給している。これらのヒステリシス形状は、アモルファスの例として図2に示したものと類似なので改めて示さないが、ヒステリシスが変わるということは各特性値も大幅に変わる。これを活用し、使用目的や用途に合わせて適宜製作・供給される。

(3) 低損失

コアロス（鉄損）はFe基アモルファスの1/5以下とCo基アモルファス並であり、低発熱・省エネルギー設計の製品が提供できる。熱処理条件を変えた3種

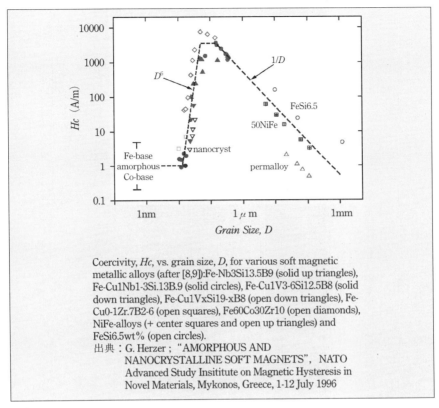

〔図3〕保磁力H_cと粒径D

のファインメットの20kHzにおけるコアロスの動作磁束密度（B_m）依存性を図4(a)に示す。FT-3MとFT-3Lは、ほぼ同程度のコアロスである。角形ヒステリシスのFT-3Hは、低B_m側でこれらよりも大きなコアロスだが、高B_m側ではその差が小となる。FT-3Mと他の典型的なパワー用軟磁性材料とのコアロスをカットコアで比較した場合（この場合、カットに伴う変化は少ない）の低損失性を図4(b)に示す。周波数依存性は図5(a)を参照。

(4) 低磁歪

低磁歪だから成形、巻線、樹脂含浸加工や取り扱い上の応力による特性の劣化が少ない。また、変成器などの部品に可聴周波数の電流成分が入力されたと

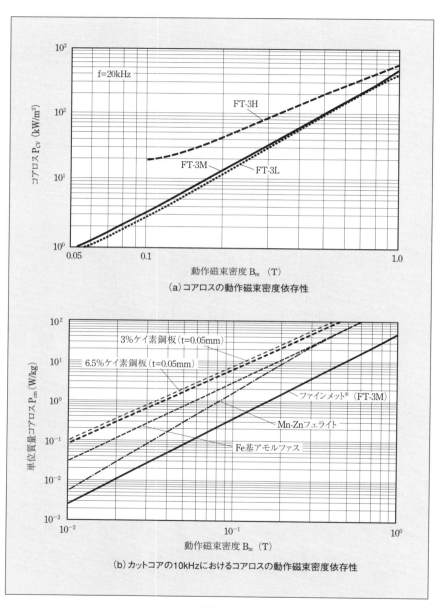

〔図4〕

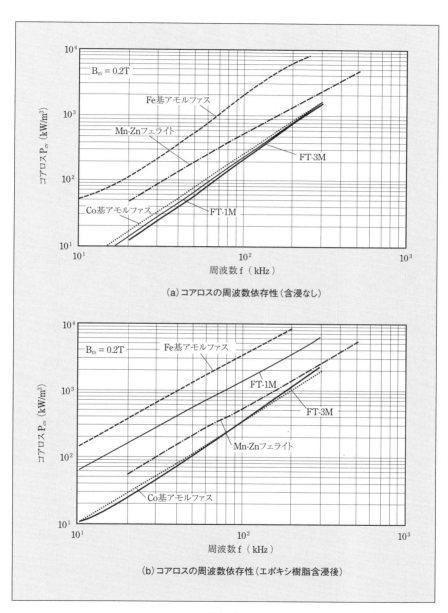

(a) コアロスの周波数依存性（含浸なし）

(b) コアロスの周波数依存性（エポキシ樹脂含浸後）

〔図5〕

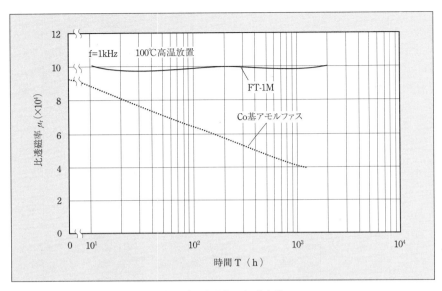

〔図6〕透磁率の経磁変化

しても騒音を小さくできる。エポキシ樹脂含浸したFT-3M（磁歪$\lambda_s \fallingdotseq 0$）、FT-1M（磁歪$\lambda_s \fallingdotseq 2.3 \times 10^{-6}$）のコアロスの周波数特性を図5(a)と図5(b)に比較して示す。FT-3Mは、エポキシ含浸による応力を受けてもコアロスはフェライトより低く、Co基アモルファスと同等で、かつ広い周波数帯域で安定している。なお、本図に示す含浸の影響は樹脂の種類による（応力の大きさによる）ので注意したい。

(5) 透磁率の温度や応力による変化が少ない

温度変化による透磁率の変化量は、$-40℃ \sim 150℃$の範囲で$\pm 10\%$以内。経時変化も、透磁率が同程度のCo基アモルファスに較べて低く（図6）、実用上の問題が少なくなる。

(6) 高周波性能に優れる

透磁率とコアロスは、図5(a)、図7に示すように、広い周波数帯域において、Co基アモルファスと同程度。薄帯は成形コアの抵抗が比較的高く、このことが高周波での低コアロスの一因となっている。

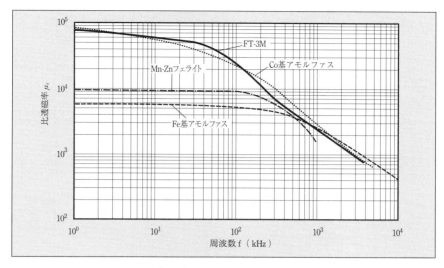

〔図7〕透磁率の周波数特性

4．ナノ結晶軟磁性材料の応用

　材料には個々の使用目的や仕様環境に合った性能が求められることは当然として、さらに価格、製品サイズ、取り扱い性、性能の安定性、供給の安定性、安全性（RoHS規制への対応も含む）、耐環境性や環境対応性ほかの多角的な側面からの判断を要する。ここでは後者を割愛し、性能上の要請のみに関連させて、ファインメットの応用製品例を図8、写真1に示す。

　高透磁率を必要とする製品例がEMIフィルタ、コモンモードチョーク、磁気シールドシート、電磁波吸収素子、電流センサ、磁気センサなどである。特にコモンモードチョークは、コモンモードのノイズを抑制するために高透磁率を要し、ノーマルモードであるライン電力やライン信号による磁気飽和を回避または小型化するために高飽和磁束密度を要し、低発熱設計とするために低コアロスを要し、抗応力性を要するので、まさにファインメットの特長を存分に活用した製品であると言える。

　磁気シールドシートはリボンを配列しシート状にした製品で、MHz以下の磁気ノイズの抑制に効果的である。電磁波吸収素子は、粉末にした材料を分散させて電波吸収体やノイズ抑制素子とする用途に好適である。

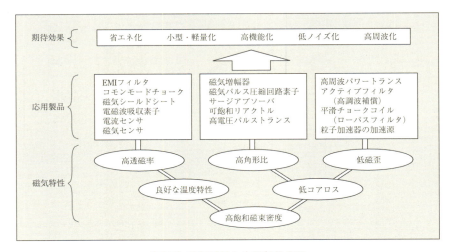

〔図8〕磁気特性と応用製品分野

〔写真1〕ファインメットを用いた製品例

　高角形比ヒステリシスの材料は、サージアブソーバ、磁気増幅器、磁気パルス圧縮回路素子、可飽和リアクトル、高電圧パルストランスなどに活用される。この材料は大パルス下での透磁率が大きいという特長を持ち、例えばパルス幅 $0.1\mu s$、動作磁束密度 $\varDelta B=0.2T$ でのパルス透磁率は3,500（FT-3M）で、Co基アモルファスの4,500に次ぐ値であり、NiZnフェライトの500をはるかに凌ぐ。そ

こで、エキシマレーザほかに使われる高電圧パルスパワー電源の磁気パルス圧縮回路用可飽和コアや昇圧パルストランス用コアとして実用されている。ノイズ関連応用製品であるサージアブソーバ、ファインメットビーズでは、ダイオードのリバースリカバリ電流のようなサージ電流やリンギングを抑制するための可飽和コアとして好適な材料となっている。

　低磁歪ファインメットの特長は、高周波パワートランス、アクティブフィルタ、平滑チョークコイルや粒子加速器の加速源に活かされる。これらのパワー用途では、高出力低発熱設計を必要とし、製品形状も大型で耳障りなコア唸(うな)りを伴う例が少なくない。すなわち、それが、パワーに見合った高飽和磁束密度を有し低コアロスで低磁歪のファインメットが最適である理由の1つである。アクティブフィルタは高調波補償、平滑チョークコイルはLPF（ローパスフィルタ）の機能を持つ製品であるから、これらはノイズ関連応用製品の1つと言える。

　多くの読者はカタログもどきの記事を必要としないだろうと考えて、本稿はアウトラインを把握できるように努めた。そのため踏み込み不足の部分もある。詳細はぜひ各メーカーの技術者に確認してほしい。誤った思い込みで迷宮入りする設計事例は意外に多いことを、最後に指摘しておきたい。

参考文献

1) 笹田一郎：「微弱磁界計測用磁気シェイキング方式磁気シールドの研究」, 日本応用磁気学会誌, 27, pp.855-861, 2003年10月

スピネル型ソフトフェライト

1．EMC材料

　デジタルメディアの急速な普及によって、電子機器から発生する各種ノイズなど電磁環境問題が深刻化している。デジタルメディアのアンテナから発生する電磁波だけでなく機器内部の電子回路のインピーダンス不整合による輻射ノイズなどもその一因である。そこでこのような電磁波対策として複合フェライト材料を利用した各種ノイズ対策部品が開発されている[1~4]。

　このような複合フェライトは、従来の焼結フェライトでは実現できなかったUHF帯以上の周波数域において自然共鳴による磁気損失が得られるため、近年、電磁シールド材、電波吸収体およびノイズ対策シートなどに多く利用されている[1~4]。ここで述べる電波吸収体とは、入射してきた電磁波エネルギーをすべて吸収（熱エネルギーに変換）して反射しにくくするものであり、一般的に電磁波の波長に比べ十分に長い距離（遠方界）で使用される。一方、ノイズ対策シートは、ノイズ発生源が電子機器内部にあり不要輻射ノイズ対策が電磁波の波長に比べ短い距離（近傍界）で行われる際に必要とされる。当社では近傍界で使用されるものを電波吸収体と分けて「ノイズ対策シート」として製品化している。現在、アースの強化、回路パターンの改善、フェライトビーズ、EMCフィルターおよびシールド材などの活用によって輻射ノイズ対策が図られている。しかし機器が完成した後の輻射ノイズの発生、機器内部の電磁波障害、電磁波の生体への影響などEMI対策がより複雑化している。

2．スピネル構造について[5,6]

　化学式$AO \cdot B_2O_3$（Aは2価金属イオン：Mg, Ca, Mn, Fe, Co, Ni, …。Bは3価金属イオン：Al, Ga, In, Ti, …。陰イオンはO^{2-}, S^{2-}, Se^{2-}など）で表わされるスピネル構造の化合物は、結晶構造、磁性、触媒など多岐にわたり興味深く調べられてきた。化学式$AO \cdot B_2O_3$で表わされるスピネル構造の単位胞は8分子式からなり、2価の金属イオン（A^{2+}）8個、3価の金属イオン（B^{3+}）16個および酸素イオン32個で構成される単位格子$A_8B_{16}O_{32}$からなっている。そ

の結晶構造を図1に示す。2価の金属イオンが入る位置としては、AおよびBの2サイトが存在する。酸素は最密配置をしており（面心立方）、その酸素イオンの重なりの隙間に金属イオンが入る。この隙間のうち、酸素4個で構成される4面体に囲まれる位置がAサイトであり、6個の酸素イオンで構成される8面体に囲まれる位置がBサイトである。それぞれ酸素の作る形により、4面体位置（tetrahedral site）、8面体位置（octahedral site）と呼ばれる[5,6]。

3．ソフトフェライトの種類

ソフトフェライトは図2に示すように、MnZn系、NiCuZn系、MnMgZn系材料が知られている。フェライト材料の中で最もFe_2O_3量の多いMnZn系は、その他のフェライトに比べ自発磁化が大きく、結晶磁気異方性定数（K_1）、磁歪定数（λ）が小さいという特徴があり、最も高い初透磁率値と飽和磁束密度を示す。

またMnZn系は、化学量論組成より鉄過剰組成であるため、2価の鉄イオンが多く生成し、Bサイト（結晶中の位置）に2価と3価の鉄イオンが存在する。その結果、Bサイトに存在する2価の鉄イオンと3価の鉄イオンの間で電子の

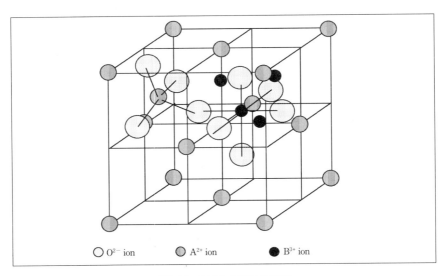

○ O^{2-} ion　　● A^{2+} ion　　● B^{3+} ion

〔図1〕スピネル結晶の構造

移動（$(Fe^{2+})\Leftrightarrow(Fe^{3+})+e^-$（ホッピング伝導））が起こるため、NiCuZn系およびMnMgZn系（NiCuZn系、MnMgZn系：化学量論組成より鉄が少ない組成であるため、Bサイトには3価の鉄イオンしか存在せず、結晶粒子の抵抗率は絶縁体と同様なオーダーになる）に比べ、結晶粒子の抵抗率は数桁小さくなる。そのため高周波域でうず電流損失が著しく大きくなる。この欠点を補うため、組成、微細構造の制御および微量添加物（$CaCO_3$, SiO_2, TiO_2, SnO_2）の添加[7~11]などによりコアの抵抗を高め、高周波域での損失を小さくするための研究が日々行われており、最近では各種材料が開発されている[10]。またこれらの技術は、高周波で駆動する電源に数多く採用されている。

3—1 フェライトコアの設計

高性能なフェライトコアを設計・製造するためには、図3に示すように磁性材料およびセラミックスの双方からのアプローチが必要である。フェライトの磁性は個々の磁性イオンの総和が全体の磁性となっており、スピネル型フェライトの場合、前述したように結晶中に2つの金属イオン位置がある。同じ金属イオンでもどちらに入るかで全体の磁性に影響し、イオン価数が異なればその磁性も大きく異なってくる。そのためフェライトの基本物性量（キュリー温度、自発磁化、異方性、磁歪等）を決めるのは、基本組成と結晶中のイオン配置であり、従来から多くの基礎的研究[6]がなされ、それらの知見はほぼ確立されて

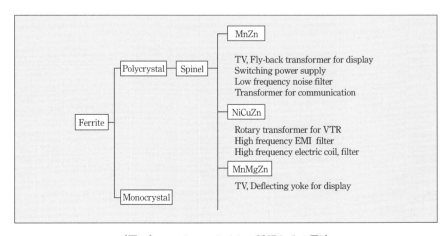

〔図2〕ソフトフェライトの種類とその用途

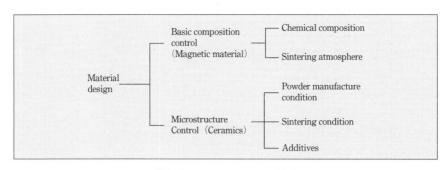

〔図3〕フェライトコアの設計

いると言ってよい。

3―2 フェライトコアの高性能化

フェライト材料の中でもMnZnフェライトは、その磁気特性がFe^{2+}量と金属イオン空格子量に大きく依存することから、焼成時の酸化還元反応をいかに焼成雰囲気で制御するかが最も重要である。さらに、初透磁率、保磁力、残留磁化やコアロス値など、フェライトの実特性に影響する構造敏感パラメータは、フェライトのセラミックス的側面で決まり、結晶粒子径や空孔率に大きく左右される。そのため高性能な材料を開発するためには、製造条件（原料の選択・秤量・仮焼・粉砕・造粒、および焼結パターン（焼結温度・時間・焼成雰囲気・冷却パターン・冷却雰囲気））に関する無数の組み合わせをうまく制御しながら、最適条件を見出すことが必要である。そしてこのような実用的な特性に強い影響を与える微細構造については、現在も多くの研究が行われているが、いまだ十分な知見が得られていない。

そこで我々は高機能なMnZnフェライトを製造するため、出発原料、組成、添加物および製造プロセスの制御などによる微細構造の制御方法について調査し、各種の基礎的知見を得ることにより、材料の解析技術および性能向上因子を明らかにした。その結果、低損失MnZnフェライト材料[10,12〜14]、高周波低損失MnZnフェライト材料[10,15]、高透磁率MnZnフェライト材料[11,17〜19]に関して実用的に優れた材料を工業的に実現した。

3―3 MnZnフェライトの種類および応用例[10]

MnZnフェライトは、写真1(a)高い透磁率（μ）を有する通信用コイルおよ

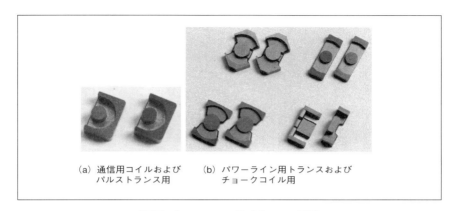

(a) 通信用コイルおよび
    パルストランス用

(b) パワーライン用トランスおよび
    チョークコイル用

〔写真1〕MnZnフェライトのコア形状

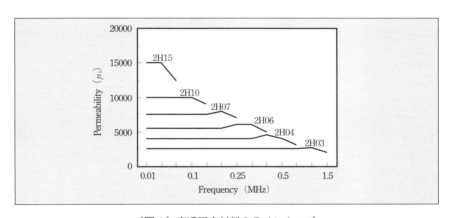

〔図4〕高透磁率材料のラインナップ

びパルストランスに利用される材料、写真1(b)スイッチング電源などのパワーライン用トランスおよびチョークコイルに利用される低損失材料（パワーフェライト材料）に分類される。

3—3—1 高透磁率材料[11, 17〜19]

　高透磁率材料は、化学組成（結晶磁気異方性定数K_1および磁歪定数λをできるだけ小さくした組成）および製造条件を最適化することによって、図4に示すように$\mu=2000 \sim \mu=15000$までラインナップされている（当社開発データ[19]）。これらの材料は、コイルおよびパルストランスとして使用する際の周波数条件

によって、適宜ユーザーに選定されている。

3－3－2　パワー系材料

パワーフェライト材料は、図5・図6に示すように各周波数域に対応した2タイプの材質系がラインナップされている。7Hタイプ[15]は超小型・薄型トランスを実現するための高周波（500kHz以上）対応材であり、オンボード用のDC-DCコンバータ、シートトランスおよび小型高周波トランス用として優れた性能を実現している。6Hタイプは図7に示すように電気自動車の非接触充電用トランス[12,13]およびAV機器・通信機器に利用されるスイッチング電源用トランス、チョークコイルおよび照明用インバーターなどへ使用されている。

3－4　NiCuZnフェライトの種類および応用例

NiCuZnフェライトは、表1（当社データ[19]）に示すようにL材（初透磁率（μ_i）1000以上、400〜700）、K材（初透磁率70〜700）、G材（初透磁率40以下）などに分類される（その他の材料は省略）。主な用途としては、パワーインダクター、VTR用ロータリートランス、高周波EMI対策フィルター、各種高周波コイルなどがある。材料に対する要求として、チョークコイルやトランスでは、高透磁率、高飽和磁束密度および低損失であることが求められる。ノイズフィルターやコモンモードコイルでは、広帯域で高インピーダンス特性が要求される。写真2に一般的に用いられているNiCuZnフェライトのコア形状を示す。比較的小さなコアが多く、ドラムコア、リングコア、ポットコアなどに多く利用されている。

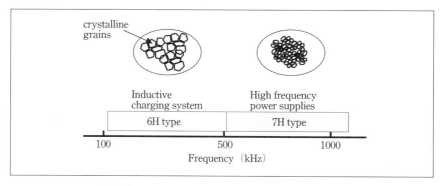

〔図5〕パワーフェライトの種類と駆動周波数（1）

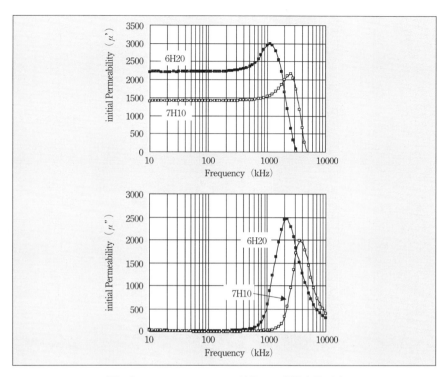

〔図6〕パワーフェライトの種類と駆動周波数(2)

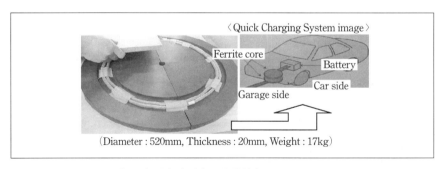

〔図7〕電気自動車の非接触充電用トランス

　当社では、これらの製品に対して表1～表3に示すような材料を推奨している。例えば、AC/DC変換回路、DC-DCコンバータおよびインバーター回路などに

〔表1〕NiCuZnフェライト材料の例

材質名	初透磁率 (μ_i)	適用周波数（Hz）				
		10k	100k	1M	10M	100M
L68	2000					
L62	1400					
L55	1000					
K32	700					
K41H	200					
K17	100					
K16F	70					
G15	13					
G10	1					

〔写真2〕NiCuZnフェライトのコア形状

使用されるチョークコイル、昇圧（降圧）トランスなどには、表2・表3に示す材料が適している。駆動周波数が300kHz以下の場合、表2に示すトランス用材料、駆動周波数が500kHz〜5MHz付近では、表3のパワーインダクター用材料が適している。また最近では、表3に示すようにL33H材、K41H材など、飽和磁束密度が室温〜100℃域においてMnZnフェライトに接近するような材料も開発されている。

3−5　複合フェライトの調製と電波吸収特性の評価

3−5−1　調製方法

図8に複合フェライト（MnZnフェライトと非磁性粉体（工業用陶土））の調製プロセスを示す。はじめに粉砕された数μmのフェライト粉体と市販の非磁性粉体（工業用陶土）を混合した。混合粉体はトロイダル形状に成形し、トッ

〔表2〕トランス用推奨材料

材質名	μ	Bms(mT)	Hc(A/m)	コアロス	Tc(℃)
L61	1300	350	12	405	>170
L62	1400	345	10	250	>200
L68	2000	270	13	345	>200

(※コアロス：50kHz, 150mT, 80℃)

〔表3〕パワーインダクター用推奨材料

材質名	μ	*Bms(mT)	**Bms(mT)	Hc(A/m)	Tc(℃)
L58	750	380	—	35	>170
L42H	600	440	350	42	>200
L33H	400	460	370	40	>200
K41H	200	470	400	70	>300

(＊：室温、＊＊：100℃)

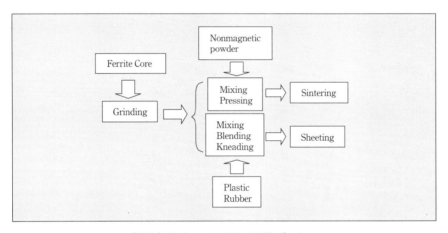

〔図8〕複合フェライトの調整プロセス

プ温度1250℃〜1370℃付近の温度で焼成した。得られた試料(外径15mm、内径9mm、厚さ3mm)についてコアロス値(BHアナライザー、SY-8232：IWATSU社製)を測定した。また各混合粉体とゴム系樹脂を混練後、肉厚1mmのシート状とし、この試料をトロイダル形状(外径7mm、内径3mm、厚さ1mm)に加工し、高周波特性を測定した。評価方法は、ベクトルネットワークアナライザー(HP8753C)と同軸管(外径7mm、内径3mm)のSパラメータ用測定治具を使用した。30MHz〜6GHzの測定周波数帯域でS_{11}(複素反射率)および、

S_{21}（複素透過率）パラメータを測定し、これらの値から複素比透磁率（μ_r）と複素比誘電率（ε_r）を求めた。そしてこの値を式(1)・(2)に代入し、反射減衰量（Return loss）から電波吸収特性を評価した[4]。

$$Z = \sqrt{\frac{\mu_r}{\varepsilon_r}} \tanh\left(j\frac{2\pi d}{\lambda}\sqrt{\mu_r \varepsilon_r} \right) \quad\quad\quad\quad (1)$$

Z：規格化入力インピーダンス、j：$\sqrt{-1}$
d：試料の厚さ、λ：波長

$$\text{Return Loss(R.L.)} = -20\log_{10}\left|\frac{Z-Z_0}{Z+Z_0}\right| \quad\quad\quad\quad (2)$$

Z_0：真空の固有インピーダンス

3－5－2 調製結果

図9に粉砕されたフェライト粉体のSEM写真および、粒度分布を示す。粉体は、図9(a)のSEM写真に示すように比較的均一で微細な凝集粉末であり、図9(b)より平均粒子径は6.8μmで粒度分布はシャープであることがわかった。

図10に、(1) MnZnフェライト（FDK製6H40材／市販品）、(2) MnZnフェライトコアの粉砕粉、(3) 工業用陶土にMnZnフェライトコアの粉砕粉を75wt%混合した試料の焼成温度によるコアロス値の変化を示す。その結果、試料(2)は試料(1)の3倍以上、試料(3)は10倍以上のコアロス値を示すことが確認された。この要因は、①粉砕時に混入した微量不純物による影響、あるいは、②試料(2)は一度焼成された粉体であり、粉体表面の活性度が低下しており再焼成による緻密化が不十分なためであると考えられる。写真3(b)に示すように試料(2)の内部は、多数の空孔が存在しており、低密度であることがわかる。

次に、各混合粉体とゴム系樹脂を混練後、トロイダル形状に加工し、これらの試料を同軸管Sパラメータ法[4]によって、試料の材料定数（複素比透磁率（$\mu_r = \mu_r' - j\mu_r''$）と複素比誘電率（$\varepsilon_r = \varepsilon_r' - j\varepsilon_r''$））を求め、式(1)・式(2)に代入し、厚さdをパラメータとして変化させた時の反射減衰量（R.L.）を求めた。その結果、図11に示すように、試料厚さ4mm〜8mm程度でR.L.≧20dBの値が得られた。この結果を当社製JB材（ゴム系電波吸収体）と比較すると、MnZnフェ

〔図9〕粉砕品のSEM写真および、粒度分布

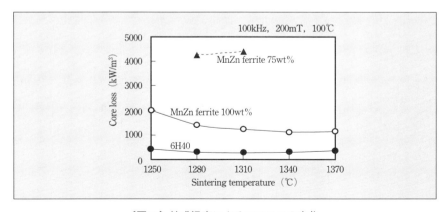

〔図10〕焼成温度によるコアロスの変化

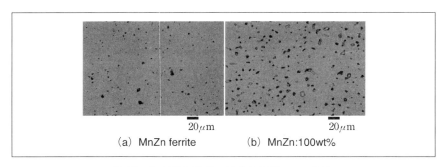

〔写真3〕鏡面研磨後の焼成品表面のSEM写真

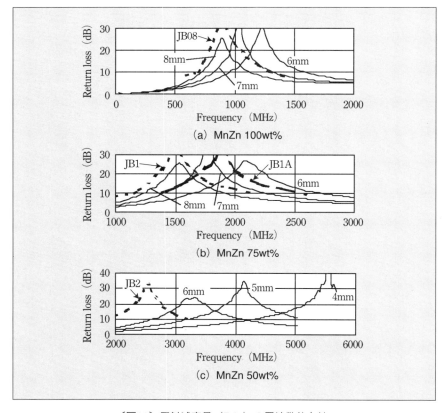

〔図11〕反射減衰量(R.L.)の周波数依存性

ライトコアの粉砕粉量100wt%ではJB08材、75wt%ではJB1材、JB1A材に類似する特性が得られた。一方、MnZnフェライトコアの粉砕粉量50wt%ではJB2材よりさらに高い周波数帯域にてR.L.≧20dBの値が得られた。このようにFDK市販のゴム系電波吸収体は、整合周波数0.9GHz～2.7GHzの範囲でR.L.≧20dBであるのに対して、試作した試料は、MnZnフェライトコアの粉砕粉含有量によって整合周波数0.9GHz～5.5GHzの範囲でR.L.≧20dBを実現できることが確認された。

4．EMC製品[19～22]

　一般的にノイズ対策製品に利用されている複合フェライトは、ゴムやプラスチック中にフェライト材料の粉末を混練させたものが多い[22]。その粉末としては、写真4に示すように平均粒子径20μm～30μmのスピネル系フェライト（MnZn，NiCuZn，MnMgZn）などがある。図12に携帯電話に使用されているノイズ対策部品を紹介する。図12(1)は携帯電話内部の各種フレキシブルケーブルなどからの輻射ノイズを抑制するための部品である。この部品は、エラストマー中に、化学組成、充填量、粒子径を最適化したフェライト粉を混合した複合シートである。表4に示す3材質がラインナップされている。高い損失効果が必要な用途は、MnZn系フェライト粉が用いられている。また高固有抵抗値などの高い絶縁性が必要とされる部分への実装には、MnMgZn系フェライト粉を用いている。図13に初透磁率の周波数依存性を、図14に近傍界での結合抑制

〔写真4〕フェライト粉体

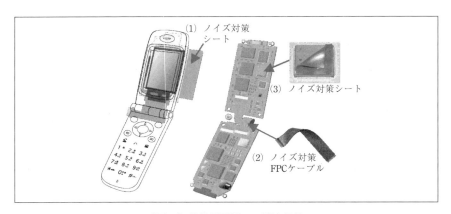

〔図12〕携帯電話用EMI対策部品

〔表4〕フェライトシートの特性

	PE23 (MnZn系)	PE45 (MnZn系)	PE44 (MnMgZn系)
初透磁率 (μ_i)	12	9	8
密度 (kg/m^3×10^3)	3.4	3.1	3.0
使用温度範囲 (℃)	-30〜+80	-30〜+80	-30〜+80
厚さ (mm)	1.0	0.4	0.4

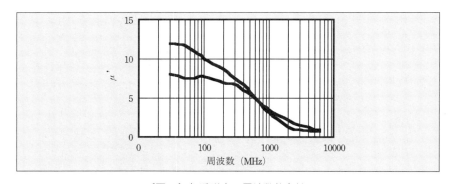

〔図13〕初透磁率の周波数依存性

を評価した結果を示す。フェライト粉末と柔軟性の高いゴムを複合化することで、広帯域で高いノイズ抑制が実現されている。これらのフェライトシートはフレキシブルケーブルなど輻射ノイズのアンテナになりやすい部分に有効であ

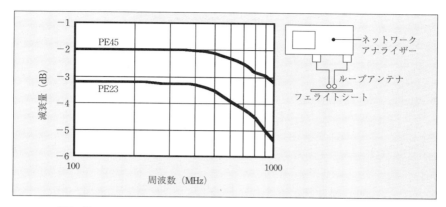

〔図14〕フェライトシートの評価方法および近傍界での結合抑制レベル

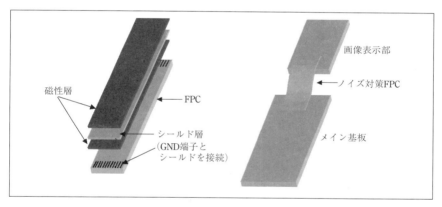

〔図15〕フレキシブルケーブルの構造

る。また機器内干渉防止用として、筐体内壁に装着して使用することもできる。図12(2)はフレキシブルケーブルの一端に、図15に示す磁性層とシールド層をコーティングした例である。シールド層によりノイズの散乱を抑制し、磁性層によってノイズの吸収が図れる。さらにこの構造は、携帯電話の折り畳み時の繰り返し応力に対して非常に優れている。図12(3)のゲル状フェライトシートは、ノートブックパソコンや情報携帯端末などのCPUから放出されるノイズを吸収し、熱を放熱板に逃がす目的で使用されるものである。高性能なCPUはクロック周波数が高く、そこから放射されるノイズや熱を無視できなくなってい

[表5] ゲル状フェライトシートの特性

	GE45B (MnZn-Al$_2$O$_3$系)	GE45C (MnZn-Al$_2$O$_3$系)	GE45D (MnZn-Al$_2$O$_3$系)	GE45E (MnZn-Al$_2$O$_3$系)
初透磁率 (μ_i)	6	3	3	5.5
密度 (kg/m^3×10^3)	3.1	2.8	3.0	3.75
熱伝導性 (W/m・K)	1.0	1.2	1.5	3.0
使用温度範囲 (℃)	−30〜+150	−30〜+150	−30〜+150	−30〜+150
厚さ (mm)	0.5〜3.0	0.5〜3.0	0.5〜3.0	0.5〜3.0

る。そのため限られたスペース内で効率よくノイズおよび熱対策ができる技術は非常に重要である。表5に示すゲル状フェライトシートは、熱伝導シートに用いられているシリコーンゲルにフェライト粉を混合し、磁気特性を付加させることにより、熱対策とノイズ対策の両機能を有している。熱を効率良く放熱板に逃がすには、熱伝導率を高くし、熱抵抗を小さくすることがポイントとなる。ゲル状フェライトシートは熱抵抗を小さくするため、柔軟な構造にしておりCPUと放熱板表面の細かい凹凸に隙間なく接触できる。さらにシート自身の熱伝導率が高くなっており、熱伝導率は最高のもので3.0W/m・K、耐熱温度は150℃程度である。

5．むすび

1970年代後半にスイッチング電源用トランスの磁心材料として、技術革新の核となってきたスピネル型ソフトフェライト材料は、現在でも携帯電話および各種EMC対策製品に至るまで、多くの分野で利用されている。そして今後もエレクトロニクスの進歩と共に、絶え間なく着実にソフトフェライト材料の開発が継続されるものと考えられる。

参考文献

1) 松尾良夫，渡辺武司，橋本敏隆：浜名湖をめぐる研究者の会，東京大学農学部付属水産実験所，第8回ワークショップ，p.24，1999年
2) D. Ouwerkerk, T. Sekimori, H. Satoh, JEVA Electric Vehicle Forum, p.181, 1998
3) 石倉誠：第16回武井セミナー資料，pp.9-16，1996年
4) 上野秀典，近藤隆俊，吉門進三：「複合電波吸収材料の開発と評価」，日本応用磁気学会誌，22，p.881，1998年
5) N.N.Greenwood : "Ionic Crystals Lattice Defect and Nonstoichiometry",

Butterworth & Co.Ltd, London, 1968

6) Magnetic material handbook.

7) 坂東尚周：「酸化物焼結体と微量添加物」，粉体および粉末冶金，第15巻，第8号，1969年

8) T. Akashi : "Effect of addition of CaO and SiO_2 on the magnetic characteristics and microstructures of Manganese-Zinc Ferrites", Trans. JIM, Vol.2, p.171, 1961

9) G.M. Jeong, J. Choi and S.S. Kim : "Abnormal grain growth and magnetic loss in MnZn ferrites containing CaO and SiO_2", IEEE Trans. Magn., Vol.36, No.5, p.3405, 2000

10) Y.Matsuo : "Technology trend of ferrite material", High technology, 862, April issue, 2000

11) Y.Matsuo, K.Ono, M.Ishikura, and I.Sasaki : "Effects of MoO_3 Addition on Manganese Zinc Ferrites", IEEE Trans. Magn., Vol.33, No.5, p.3751, 1997

12) Y.Matsuo, S.Otobe, F.Nakao and H.Sakamoto : "Development of a Ferrite Material for Inductive Chargers", EVS-16 (16th International Electric Vehicle Symposium), Beijing, 1999

13) Y.Matsuo, K.Ono, M.Kondoh and F. Nakao : "Controlling New Die Mechanisms for Magnetic Characteristics of Super-Large Ferrite Cores", IEEE Trans. Magn., Vol.36, No.5, p.3411, 2000

14) Y.Matsuo, K.Ono, H.Toshitaka and F.Nakao : "Magnetic Properties and Mechanical Strength of MnZn Ferrite", IEEE Trans. Magn., Vol.37, No.4, p.2369, 2001

15) Y.Matsuo, T.Mochizuki, M.Ishikura, and I.Sasaki : "Decreasing core loss of Mn-Zn ferrite", J. Magn. Soc. Jpn.,Vol.20, No.2, p.429, 1996

16) Y.Matsuo, K.Ono, M.Ishikura, and I.Sasaki : "Effects of MoO_3 Addition on Manganese Zinc Ferrites", IEEE Trans. Magn., Vol.33, No.5, p.3751, 1997

17) K.Ono, Y.Matsuo, and M.Ishikura : "Microstructure of MnZn Ferrite on MoO_3 Addition", J.Magn.Soc. Jpn.,Vol.22, p.661, 1998

18) Y.Matsuo, K.Ono and M.Ishikura : "Dependence of Mn-Zn ferrite properties on the Particle size of MoO_3 additives", J. Magn. Soc. Jpn., Vol.23, No.4-2, p.1413 , 1999

19) FDK Technique catalog, 2000
20) 中山恵次：「フェライトシートによるノイズ対策」, 月刊EMC, ミマツコーポレーション, No.138, pp.36-40, 1999年
21) 竹井晴彦, 近田淳二：「ノイズ対策シート」, 月刊EMC, ミマツコーポレーション, No.162, pp.65-71, 2001年
22) Y. Matsuo : "Recycling of MnZn Ferrite", J. Magn. Soc. Jpn.,Vol.25, No.11, p.1565, 2001

六方晶フェライト

1. はじめに

EMIなどのノイズが実用部品の中で問題になり始めた頃は、30MHz～300MHzの周波数帯域であった。その後、電子機器が高性能・多機能・小型化するのに伴い、高周波のデジタル信号が機器内の他の回路や無線回路に飛び、ノイズとなって問題化し、GHzオーダーでのノイズ対策が必要になってきている。携帯電話やBluetoothなどの無線系回路、およびGHz帯の光通信関連回路に使用されるフェライトビーズも高周波対応が要求されている。また、回路全体の特性インピーダンスを整合するために用いられるコモンモードチョークコイルも電子機器の小型化のために低背化し、高周波化されてきている。このようにインダクタ用のフェライトでは高い周波数まで透磁率が維持できる特性のものが必要になる。

さらに、無線技術の進歩とともに電子機器がデジタル化され、これらの機器から不要なノイズが多く放射され電波環境が悪化している。この改善の手法としては磁気を用いた電波吸収体による電磁波吸収が有効である。

以上述べたようにフェライト材料でもGHz帯で使用できる特性が要求されており、それに対応できるものが六方晶フェライトである。

2. マグネトプラムバイト（Magnetoplumbite, M）型フェライト

酸素イオンと同程度の大きなイオン半径を持つCa, Ba, Sr, Pbおよび酸化第2鉄からなる六方晶フェライトは、それらの組み合わせにより大別して2種類のフェライトが知られている。まずマグネトプラムバイト型フェライトについて述べる。

一般的な化学組成式は$MO\cdot 6Fe_2O_3(MFe_{12}O_{19})$で、MとしてはBa, Sr, Pbである。これらは代表的な永久磁石であり、世界中で最も多量に生産されている。M型フェライトの結晶構造は、六方最密充填を形成する酸素イオンの一部がSr^{2+}またはBa^{2+}イオンで置換され、Fe^{3+}イオンが5種類の副格子点に入る構造になっている。すなわち、八面体配位には12k(↑)｜6個｜、$4f_2$(↓)｜2個｜、2a(↑)｜1

個｜、四面体配位には4f₁(↓)｜2個｜および擬四面体（pseud-tetrahedral or bypiramidal）配位の2b(↑)｜1個｜がある．↑および↓はspin-upおよびspin-downを示す。また、｜ ｜内の数字はFeイオンの個数を示す。Fe^{3+}イオンは絶対零度で$5\mu_B$の磁気モーメントをもつので、1分子あたりの磁気モーメントは、

$$(6-2+1-2+1) \times 5 = 20\mu_B \quad \cdots\cdots(1)$$

となる。飽和磁化値はSrMで71.9 emu/g、BaMで68.6 emu/gでSrMが若干大きい。結晶磁気異方性定数はSrMで$3.5 \times 10^5 J/m^3$、BaMが$3.2 \times 10^5 J/m^3$でありSrMが10%ほど大きい。したがって、磁石の高性能化のためにはSrMの方が適している。キュリー温度はともに450℃～460℃と高く、熱的に安定である。このように結晶磁気異方性定数が大きく、その異方性の向きがc軸方向であることが特徴である。一方、これの軟磁気的性質は透磁率が2～3であり、他のフェライトに比べると問題にならないくらい小さいが、共鳴周波数は30GHzと非常に大きい[1]。電子機器が高周波化するのに伴い、今まで注目されなかったこの高い共鳴周波数を生かそうとする研究が活発になりつつある。

　実用的な透磁率に高めるためには、まずあまりにも大きすぎる結晶磁気異方性定数および保磁力を低減する必要がある。結晶磁気異方性定数は構成する金属イオンにより一義的に決定されるのでFeイオンを種々の元素で置換する研究がなされている。

　磁気テープやフロッピーディスクの磁気記録媒体として用いられている$BaFe_{12}O_{19}$微粒子の保磁力を低減するために$BaCo_xTi_xFe_{12-2x}O_{19}$(x=0～1)における$Fe^{3+}$イオンを（$Co^{2+}$-$Ti^{4+}$）イオンで置換することがなされてきた。この場合の置換量はせいぜいx=1までで十分であった。したがって、それ以上の置換による研究はあまりなされてこなかった。そこで著者らは$BaCo_xTi_xFe_{12-2x}O_{19}$（x=0～3）の焼結体を作製し、Co-Ti置換量x=1.10, 1.15および1.25の試料の初透磁率の周波数依存性を図1に示す[2]。実効的初透磁率（μ'）はx=1.15の試料で最大値27.4になる。初透磁率がこのように増大した理由を以下に述べる。

　M_sを飽和磁化値、Kを異方性定数とすると、初透磁率μ_iは式（2）で表わされる。

$$\mu_i \propto M_s^2/K \tag{2}$$

総体としての異方性定数Kの大きさは保磁力H_cに比例すると考えられる。したがって、M_sが大きく、H_cが小さければ、μ_iは大きな値になる。x=1.10～1.35の試料はでM_sは50emu/g～55emu/gでほぼ一定で、保磁力も30Oe～60Oeと小さな値になるので、初透磁率も結果的に上昇したと考えられる。虚数的初透磁率(μ'')がピークになる周波数、すなわち、共鳴周波数は置換量によってさほど変化しない。

図2は異方性磁界および異方性定数の置換量依存性を示す。多結晶体の異方性磁界を知ることは難しいので、ここではVSMにより測定した磁化曲線において磁化が飽和する磁界を異方性磁界H_A^*と定義した。このH_A^*は正確な異方性磁界ではないが、異方性における傾向の目安を知ることはできる。また、異方性磁界から以下の式を用いて異方性定数Kを算出した。

$$H_A^* = 2K/M_S \tag{3}$$

この図によると、H_A^*およびKも置換量が1.2付近で最小値になっていると判断できる。この結果からも、磁気異方性および保磁力には相関があると言える。保磁力がx=1.25で最小値31Oeになることは結晶磁気異方性の低減によるものと考えられる。すなわち、負の磁気異方性定数を持つFe^{3+}を正の磁気異方性定数

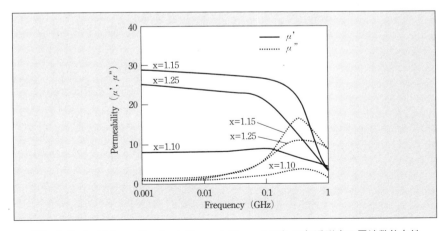

〔図1〕 $BaCo_xTi_xFe_{12-2x}O_{19}$（x=1.10、x=1.15、x=1.25）の初透磁率の周波数依存性

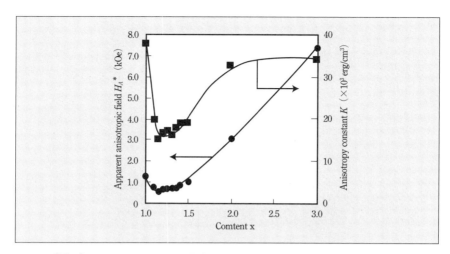

〔図2〕 $BaCo_xTi_xFe_{12-2x}O_{19}$ の異方性磁界および異方性定数の置換量依存性

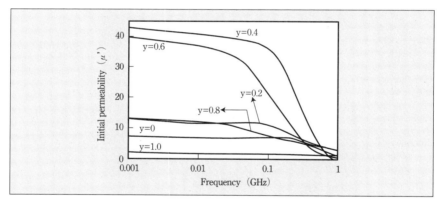

〔図3〕 $BaCo_{1.1}Zn_yTi_{1.1+y}Fe_{9.8-2y}O_{19}$ （y=0～1.0）の初透磁率の周波数特性

を持つCo^{2+}で置換することにより、この試料の磁気異方性が減少し、置換量x=1.2付近でKがほぼ0になると考えられる。

さらに高い初透磁率を得るため、Co-Ti置換バリウムフェライトをZnイオンおよびTiイオンで置換して$BaCo_{1.1}Zn_yTi_{1.1+y}Fe_{9.8-2y}O_{19}$ （y=0～1.0）の組成になるように試料を作製した。

図3は初透磁率の周波数特性を示す。共鳴周波数は若干低下したが、置換量

yが増加するにしたがい、初透磁率は増大していき、置換量が0.4の試料では10MHzにおいて約40と大幅に上昇する。これは、Znイオンにより結晶磁気異方性がさらに減少するとともにZnイオンにはフェライト化促進効果があるため、結晶粒径が増大したことにより保磁力が低減したと考えられる。

M型フェライトの自然共鳴周波数がGHz帯域にあり、高い複素透磁率を示すことを利用して電磁波吸収体に応用することも研究されている[3]。東北大の杉本等は、図4に示すように$BaFe_{12-x}(Ti_{0.5}M_{0.5})_xO_{19}$（M=Co, Ni, Zn, Mn, Cu）の電磁波吸収特性を測定している。いずれも整合周波数は共鳴周波数近傍にあり、反射減衰量も－20dB以上あると報告している。

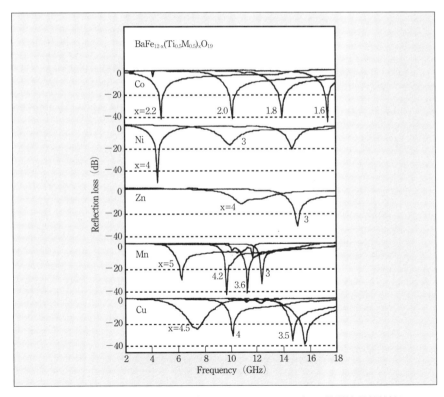

〔図4〕 $BaFe_{12-x}(Ti_{0.5}M_{0.5})_xO_{19}$ （M=Co, Ni, Zn, Mn, Cu）の電磁波吸収特性

3. フェロックスプラナ(Ferroxplana)型フェライト
3-1 結晶構造

このグループは、表1に示すようにW, X, Y, ZおよびU型の組成に分類される。これらの結晶はいずれも、通常R, T, Sと記される3つのブロックがc軸方向に積み上がったものである。これらのブロックの組成を以下に記すが、Sを除いて単独の化合物としては存在しないと考えられている。

R：$AO \cdot 2(Fe_2O_3 \cdot MeO_2)$

T：$2(AO) \cdot 4(Fe_2O_3)$

S：$2(Fe_2O_3 \cdot MeO)$

ここでAは主にBa, Sr, Pbである。Meは遷移金属元素であるが、Rブロック中のMeはFe^{3+}であって、このブロックは全体として2^-の電荷を持つことになる。これらのフェロックスプラナ型フェライトは、磁気異方性の起源となるR, T, R*, T*（*はc軸を中心として180°回転したもの）ブロックとS（spinel）ブロックから構成されているので硬磁気的および軟磁気的性質の両方を発揮する要素を本質的に持っている。したがって、ある程度の大きさの初透磁率を持ち、かつ高い共鳴周波数を実現できる可能性がある。従来の多くの報告を概観するとM型およびW型は硬磁性を、またY型およびZ型は半硬磁性を示すと考えられている。X型およびU型は分子量も多く、結晶構造も複雑で単相が得にくいため報告は極めて少なく、その磁気的性質は明らかにされていない。

3-2 強磁性共鳴および高周波特性

フェライトを高周波コアとして用いる場合は、微少な交流磁界が印加される

〔表1〕六方晶フェライトの組成および構造

Composition	Blocks
M：$BaFe_{12}O_{19}$	RSR*S*
Y：$Ba_2Me_2Fe_{12}O_{22}$	$(TS)_3$
W：$BaMe_2Fe_{16}O_{27}$	RSSR*S*S*
X：$Ba_2Me_2Fe_{28}O_{46}$	$(RSR*S*S*)_3$
U：$Ba_4Me_2Fe_{36}O_{60}$	RSR*ST*S*
Z：$Ba_3Me_2Fe_{24}O_{41}$	RSTSR*S*T*S*

が、ある周波数でスピンが高周波磁界からエネルギーを吸収して強磁性共鳴を起こす。この強磁性共鳴には周波数の低い方から磁壁共鳴、回転磁化共鳴およびフェリ磁性共鳴の3種類がある。まず、磁壁共鳴について説明する。磁壁は振動運動をしており、交流磁界が印加されると、いずれかの周波数で共鳴がおきる。これは見かけ上、磁性体が磁化されなくなり、損失が増大する。磁壁が少ない材料ではμ'は低いが、共鳴周波数（f_r）は高い。磁壁の多い材料では逆になる。さらに高い周波数の磁界を印加すると磁化は異方性磁界（H_A）を軸として歳差運動をする。この歳差運動は磁化回転によって生じるので回転磁化共鳴と言う。フェリ磁性共鳴は強磁性共鳴と同様に考えられるがAのスピンとBのスピンの大きさおよび分子磁界の大きさも異なるために生じる共鳴である。

一般に、外部交流磁界が印加された場合、磁性体のH_Aによってf_rは異なる。ところが、磁化率（透磁率）とf_rの積は飽和磁化I_sに比例することをSnoek（スヌーク）が見い出した。I_sがほぼ等しい場合にはμ_rとf_rは反比例する。これをスヌークの限界則と呼んでいる。この関係を一般的に示すと式(4)のようになる。

$$f_r(\mu_r - 1) = \frac{1}{3\pi\mu_0}\gamma\left(\frac{1}{2}\sqrt{\frac{H_\theta}{H_\phi}} + \frac{1}{2}\sqrt{\frac{H_\phi}{H_\theta}}\right) \quad\cdots\cdots(4)$$

ここで、H_θとH_ϕはθおよびϕ方向における異方性磁界を示す。γはジャイロ磁気定数である。立方対称であるスピネル型フェライトは、$H_\theta = H_\phi$であり、〔 〕内は1となる。それゆえに$f_r \times \mu_r$の積はスヌークの限界を越えない。スピネル型フェライトでは異方性が等方的であったが、六方晶フェライトでは結晶構造に由来してc面内およびc軸方向では異方性が異なる。すなわち、式(4)において$H_\theta \neq H_\phi$であるので右辺の〔 〕の中は常に1より大きい。そのためスヌークの限界より大きくなる。その例を示すと図5のようにスピネル型の$NiFe_2O_4$より六方晶のCo_2Z（$=Ba_3Co_2Fe_{24}O_{41}$）のf_rがはるかに大きい。フェロックスプラナ型フェライトはGHzに近い周波数まで透磁率が維持できている。

これらのフェライトの中でも、高周波磁性材料として特異な結晶磁気異方性を示すものがあり、表2に示す。表はW，YおよびZ型六方晶フェライトの2価金属イオンを各種の元素で作製した場合のc軸およびc面内の磁化容易方向を示

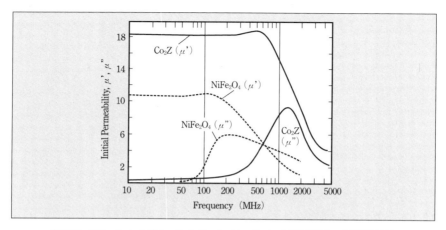

〔図5〕 $NiFe_2O_4$ および Co_2Z （$=Ba_3Co_2Fe_{24}O_{41}$）の初透磁率の周波数特性

〔表2〕W型、Y型、Z型フェライトの磁化容易方向

Type	Divalent metal ions					
	Mn	Fe	Co	Cu	Zu	Mg
W	↑	↑	⬡	↑	↑	↑
Y	⬡	⬡	⬡	⬡	⬡	⬡
Z	↑	↑	⬡	↑	↑	↑

↑ : Axis of easy magnetization

⬡ : Plane of easy magnetization

す。Y型フェライトではいずれの2価金属イオンで作製してもすべて面内方向に磁化容易軸が向く。Z型およびW型ではCoイオンで置換した場合のみ面内に磁化容易軸が向く。高周波磁界を印加すると、c面に磁化容易面があるため、歳差運動が容易になって、非常に高い周波数まで軟磁気特性を維持できることになる。最も有望とされ、活発に研究されているCo_2Z型（$Ba_3Co_2Fe_{24}O_{41}$）を中心にその軟磁気特性について次に述べる。

3－3 Co_2Z型フェライト

フェロックスプラナ型フェライトであるZ型（$Ba_3Me_2Fe_{24}O_{41}$）は、1950年代より多くの研究がなされている[4,5]。これらの中でも$Ba_3Co_2Fe_{24}O_{41}$（Co_2Z）は、Coイオンの磁気異方性により、c面が磁化容易面となる。このため、積層型チップインダクタに実用されているNi-Cu-Znフェライトの使用周波数帯である1MHz～100MHzよりも高い周波数帯で駆動できる有力な材料として挙げられている。しかし、結晶構造が複雑なため単相を得ることが難しいという課題がある。そのため、一般に用いられる固相反応法の他に、化学共沈法、およびゾル-ゲル法などの様々な作製法で研究がなされている。

またCo_2Zフェライトは300MHz～1000MHzで初透磁率はほぼ一定であるが、その値は15程度と低く、小型高性能化のための軟磁性材料としては不十分である。この初透磁率を高めること、およびできるだけ低い焼成温度で作製するためにCo_2ZフェライトにおけるCoイオンを2価金属イオンで置換した試料が作製された。（$Co_{2-x}Zn_x$）Zフェライトの初透磁率は向上するが周波数特性は低下した。また、$Co_{2-x}Cu_x$, Co-Cu-Zn, Co-Cu-Si, Co-Cu-Nb, Co-Mn, Co-Feで置換した試料はいずれも初透磁率が低下することが報告されている。

そこで、著者等はCo_2Zフェライトの初透磁率の向上を目的とし、Co_2Zを構成するFe^{3+}イオンを希土類元素のR^{3+}イオンで置換した$Ba_3Co_2R_xFe_{24-x}O_{41}$について検討した[6]。R^{3+}イオンは、電荷のバランスの点においてFe^{3+}イオンと同じであるので問題はない。また、R^{3+}イオンのイオン半径はLa^{3+}が1.16Å, Nd^{3+}が1.11Å, Gd^{3+}が1.05Å, Dy^{3+}が1.02Å, Ho^{3+}が1.01Å, Yb^{3+}が0.98Åであり、いずれもFe^{3+}イオンの0.78Åより大きいため、置換することができれば、結晶構造に起因する磁気異方性を発現することが期待できる。したがって、Feイオンを希土類イオンで置換した試料の作製を試み、それによる初透磁率の改善を目指すとともに、それらの磁気特性および結晶相について検討した。

図6は、1250℃で大気中2時間、本焼成した置換量x=0のCo_2Zおよびx=0.1（Gd, La）の試料の室温における初透磁率の周波数依存性を示す。Gdイオンで置換すると初透磁率はCo_2Zのそれよりも向上するがLaイオンで置換すると低下する。Co_2Z同様x=0.1のGdおよびLa置換試料ともに1GHz付近まで初透磁率を維持している。また、x=0.1において他の希土類置換試料においても、1GHz付近

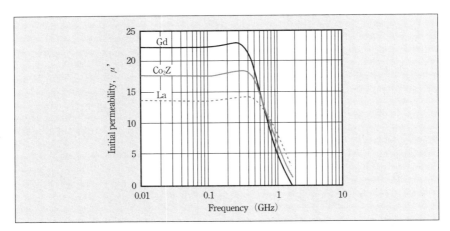

〔図6〕 Co_2Z および $Ba_3Co_2R_{0.1}Fe_{23.9}O_{41}$ （R=Gd,La）の初透磁率の周波数依存性

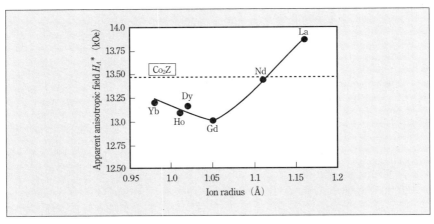

〔図7〕 $Ba_3Co_2R_{0.1}Fe_{23.9}O_{41}$ における希土類イオンのイオン半径および見かけの異方性磁界 H_A^* の関係

まで初透磁率が維持されることを確認した。

　図7は、希土類イオンのイオン半径に対する見かけの異方性磁界 H_A^*（x=0.1）を示す。多結晶体の異方性磁界を知ることは極めて難しい。そのため、ここではVSMによって測定した磁化曲線において磁化が飽和する磁界を見かけの異方性磁界 H_A^* と定義した。図中に破線で示したのは無置換のZ型フェライト（Co_2Z）における H_A^* の値である。Laイオンを置換した試料の H_A^* は、Co_2Z の H_A^* に比べ

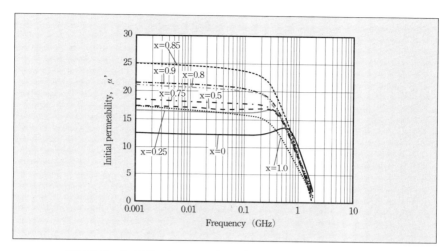

〔図8〕 $Ba_3Co_2Ti_xZn_xFe_{24-2x}O_{41}$ (x=0-1) の初透磁率の周波数依存性

て増大する。Ndイオンよりもイオン半径の小さい希土類イオンで置換した試料のH_A*はCo_2Zのそれに比べて小さい。この中でもGdイオンで置換した試料のH_A*が特に低くなっている。このことからGdイオンで置換した試料の初透磁率が最も向上したと考えられる。

チップインダクタ等への応用を考慮すると初透磁率は高いことが望ましい。そこでCo_2ZフェライトのFeイオンをTi-Znイオンで複合置換した。図8は、$Ba_3Co_2Ti_xZn_xFe_{24-2x}O_{41}$ (x=0～1) の初透磁率の周波数依存性を示す[7]。初透磁率はxの増加とともに増大し、x=0.85において最大値23.7になり、それ以上の置換では減少している。またx=0およびx=0.25の試料は共鳴型であるが置換量が増大すると緩和型になる。

次にCo^{2+}イオンを ($Li^+_{0.5}+Fe^{3+}_{0.5}$) イオンで置換した$Ba_3Co_{2-2x}Li_xFe_{24+x}O_{41}$ (x=0～0.6) の高周波特性を述べる[8]。$\mu \times f_r$積が低下しない、あるいは向上する材料を開発するため、CoイオンをFeイオンおよびLiイオンで置換した材料の作製を検討した。Z型フェライト構造にはスピネルブロックがあるので、スピネルフェライトの結晶磁気異方性定数について調べたところ、$Li_{0.5}Fe_{2.5}O_4$は−8.3[kJ/m3]であり、Mg、Mn、NiおよびCuフェライトのそれらよりも大きい。このことから、LiイオンとFeイオンで置換することにした。

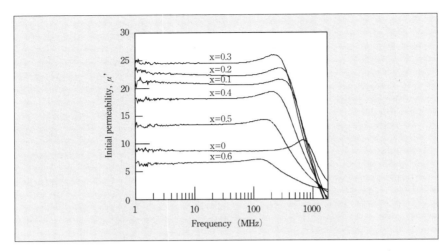

〔図9〕 $Ba_3Co_{2-2x}Li_xFe_{24+x}O_{41}$ （x=0～0.6）の初透磁率（μ'）の周波数依存性

　図9は、置換した各試料の初透磁率（μ'）の周波数依存性を示す。x=0の試料の初透磁率は8.6であり、x=0.1から0.3へと置換量が増加するにしたがい初透磁率は急激に増大し、x=0.3の試料では最大値24.5を示す。x=0.4および0.5では大きく減少するが、それでもx=0よりも高い値を示す。x=0.6以上の試料の初透磁率は3程度と低い値になった。これは、x=0.6以上ではZ相以外の相が現われ、混相となったことが影響している。

　次に、共鳴周波数f_rを虚数部の初透磁率μ''がピークとなる周波数と定義し、算出した$\mu'\times f_r$積の置換量x依存性を図10に示す。初透磁率の変化を把握するために上記の試料の50MHzにおける値を示す。一般的にスヌークの限界と呼ばれ、スピネル型フェライトでは$\mu'\times f_r$積は一定となることが知られていて、その限界は5.6GHzである。実験で作製したCo_2Z（x=0）の試料の$\mu'\times f_r$積は10.8GHzを示す。また、x=0.1～0.3の試料においては、それを大きく上回り、15GHzと優れた高周波特性を示す。

　これらの試料の磁化値および保磁力の置換量x依存性を調べた。それぞれの試料の飽和磁化値（M_s）は、ほぼ48emu/gであり、置換による減少はなかった。これはCo^{2+}イオンの減少による磁化の低下をFe^{3+}イオンの磁化が補っていると推測される。また、保磁力は置換量xの増加とともに減少し、x=0.3で最小値

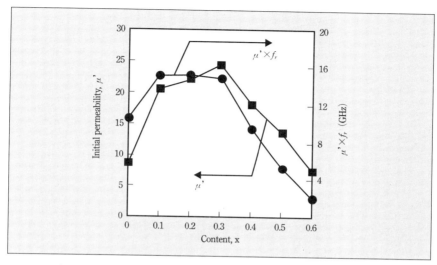

〔図10〕 $Ba_3Co_{2-2x}Li_xFe_{24+x}O_{41}$ （x=0〜0.6）の$\mu' \times f_r$積の置換量x依存性

33Oeを示す。これは、初透磁率は保磁力に反比例するという傾向に一致するが、その他に異方性磁界および結晶構造の影響を受けていると考えられる。

　これらのCo_2Zフェライトをチップインダクタ材料として使用できる条件の1つとして、900℃以下で焼結する必要がある。そのための低温焼成の方法として、B_2O_3, Bi_2O_3および$LiBiO_2$などの添加剤を加えて作製した例がある[9]。しかし、これらの添加剤により初透磁率（μ）は著しく低下した。そこで、焼成温度が低下しても高周波領域において高い初透磁率を維持できる材料の実現のために、Co_2ZフェライトにおけるCoイオンを2価の金属イオンで置換した試料が作製されてきた。$Co_{2-x}Cu_x$, Co-Fe, Co-Cu-Zn, Co-Cu-Si, Co-Cu-Nb, Co-Mnなどはいずれも初透磁率および共鳴周波数（f_r）が低下することが報告されている。望ましくはμもf_rも高いことであるが、スヌークの限界則に示されるように実現は難しい状況にある。

　また、Co_2ZフェライトにCuを固溶させることによる低温焼結化も報告されている[10]。図11に890℃で焼成した$Ba_3Co_{2-x}Cu_xFe_{24}O_{41}$のCu置換量の異なる試料の透磁率の周波数依存性を示す。低温で焼結した結果, x =0の透磁率は4に低下してしまう。これをCuで置換すると, Z型フェライトの生成が促進されるために

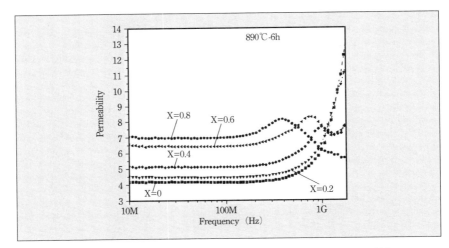

〔図11〕890℃で焼成したBa$_3$Co$_{2-x}$Cu$_x$Fe$_{24}$O$_{41}$のCu置換量の異なる試料の透磁率の周波数依存性

置換量の増加とともに透磁率も増大する。この効果はチップインダクタ用Ni-Cu-Znフェライトの場合と同様である。このように低融点元素の添加および置換を行うと低温焼結化は実現できるが、透磁率が半減してしまうことが問題点である。これらの課題を解決するためには従来の作製プロセスに囚われない発想が必要である。

4．まとめ

数百MHz～GHzでのノイズ抑制用インダクタ材料として、また電磁波吸収材料として六方晶マグネトプラムバイト型およびフェロックスプラナ型フェライトは有力な候補である。それらの中でもCo$_2$Zフェライトはc面内が磁化容易方向であるため、GHz帯での周波数まで強磁性的性質を維持できる。

透磁率を向上させること、および高い共鳴周波数を維持することは、電子材料設計上重要であり、この2つの要素において磁気異方性、粒界、配向性などを制御することにより新たな展開・進展があることが期待できる。

参考文献

1) M. T. Weiss and P. W. Anderson, Phys. Rev. 98, p.925, 2005

2) 宮田謙一, 神島謙二, 柿崎浩一, 平塚信之:「金属元素置換M型バリウムフェライトの高周波磁気特性」, 日本応用磁気学会論文誌, 30, p.383-386, 2006年

3) 岡山克巳, 太田博康, 吉田好行, 籠谷登志夫, 中村元, 杉本諭, 本間基文:「$BaFe_{12-x}(Ti_{0.5}M_{0.5})_xO_{19}$ (M=Co, Ni, Zn, Mn, Cu) の電磁波吸収特性」, 日本応用磁気学会論文誌, 22, p.297-300, 1998年

4) J. J. Went, G. W. Rathenau, E. W. Gorter, G. W. Van Oostehaut : "Ferroxdure, a class of permanent magnetic materials", Philips. Tech. Rev., 13, p.194-208, 1952

5) G. H. Jonker, H. P. J. Wijn, P. B. Braun : "Ferroxplana, hexagonal ferromagnetic iron-oxide compounds for very high frequencies", Philips. Technische Rundschau., 18, p.249-258, 1957

6) 澤田大成, 山本誠, 柿崎浩一, 平塚信之:「Co含有Z型フェライトの高周波磁気特性に及ぼす希土類イオン置換効果」, 日本応用磁気学会論文誌, 27, p.359-361, 2003年

7) K.Kamishima, C.Ito, K.Kakizaki, N.Hiratsuka, T.Shirahata, T.Imakubo : "Improvement of initial permeability for Z-type ferrite by Ti and Zn substitution", J.M.M.M. 312, p.228-233, 2007

8) 中根純一, 神島謙二, 柿崎浩一, 平塚信之:「Li置換Co_2Z六方晶フェライトの高周波磁気特性」, 粉体および粉末冶金, 54, p.232-235, 2007年

9) O.Kimura, K.Shoji, H.Maiwa : "Low temperature sintering of iron deficient Z type hexagonal ferrites", J. of the European Ceramic Society, JECS-5711, 2005

10) X.Wang, L.Li, J. Zhou, S.Su, Z.Gui : "Effect of copper substitution on the dielectric and magnetic properties of low-temperature-sintered Z-type ferrites", Jpn.J. Appl. Phys., 41, p.7249-7253, 2002

第3章

ノイズ抑制磁性部品のIEC規制

IEC/TC51/WG1の規格の紹介

1．はじめに

IEC/TC51/WG1（ワーキンググループ１）は、「フェライトおよび圧粉磁心」に関する国際規格の作成、改正の審議を担当する技術委員会である。TC51のWG（ワーキンググループ）のなかでは、いままでに最多の国際規格を発行してきた。最近では、電子機器などの普及によりEMCノイズ関係に関心が高まっている。他のWGと同様に、それに関連した規格も積極的に手がけている。以下、TC51/WG1にて制定した関連規格を紹介する。

2．IEC 61332[1]

IEC 61332：フェライト磁心の材質区分によるクラス分け

この規格は、EMC対策に配慮した、ユーザーにとって使いやすい用途別特性分類、材料特性別分類としてまとめている。

(1) 用途別特性分類では、

①EMI用途：インピーダンス特性として使用するもの。
②信号処理用途：インダクタンス特性として使用するもの。
③電源用途：高磁束密度におけるコアロス特性として使用するもの。

IEC 61332に掲載されている各用途別のクラス分け規格表を参照いただきたい。

EMI用途 - IS class ferrite materials

Subclasses	Frequency MHz	Normalized impedance Z_N Ω/mm	Initial Permeability μ_i	Curie temperature T_C ℃
IS1	300	≥ 50	< 100	> 300
IS2a IS2b	300	≥ 50 ≥ 40	100 - 2000	200 - 300
IS3a IS3b	100	≥ 40 ≥ 30	100 - 2000	100 - 250
IS4a IS4b	30	≥ 30 ≥ 20	100 - 2000	100 - 250

IS5a IS5b	10	≥ 30 ≥ 20	2000 - 6000	100 - 250
IS6a IS6b	3	≥ 30 ≥ 20	2000 - 6000	100 - 150
IS7a IS7b	1	≥ 20 ≥ 10	2000 - 6000	100 - 150
IS8a IS8b	1	≥ 20 ≥ 10	6000 - 10000	100 - 150
IS9a IS9b	0.5	≥ 10 ≥ 5	10000 - 15000	> 100

　ISクラスで分類されたフェライトの中にはNi-Zn系とMn-Zn系の2種類の材料が含まれる。一般的にはNi-Zn系フェライトはFM帯を中心としたMHz帯、Mn-Zn系フェライトはAM帯を中心としたkHz帯に効果がある。なお、Mn-Zn系はNi-Zn系に比べ比抵抗が小さい材料であり、絶縁が確保されていることを十分に確認の上使用することが必要である。

Mn-Zn系・Ni-Zn系フェライトの効果帯域[2)]

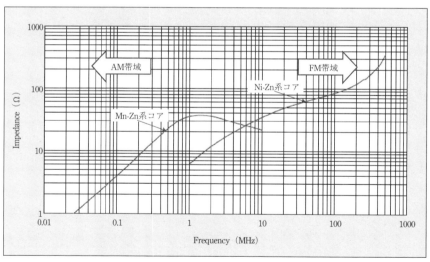

信号処理用途 - SP class ferrite materials

Subclasses	Initial Permeability μ_i	Relative loss factor $\tan\delta / \mu_i$ $\times 10^{-6}$	Frequency MHz	Curie temperature T_C ℃
SP1	< 100	50 - 150	10	> 300
SP2	100 - 400	20 - 30	1	> 250
SP3	400 - 800	15 - 50	0.1	> 150
SP4	800 - 1200	1 - 10	0.1	> 120
SP5	1200 - 2000	1 - 10	0.1	> 120
SP6	1200 - 2500	2 - 7	0.1	> 150
SP7	1500 - 2500	3 - 5	0.1	> 150
SP8	2500 - 3500	2 - 10	0.1	> 130
SP9	3500 - 6000	≤ 15	0.1	> 120
SP10a	6000 - 8000	≤ 3	0.01	> 120
SP10b	6000 - 8000	≤ 10	0.01	> 120
SP11a	8000 - 12000	≤ 3	0.01	> 100
SP11b	8000 - 12000	≤ 10	0.01	> 100
SP12a	12000 - 16000	≤ 6	0.01	> 100
SP12b	12000 - 16000	≤ 20	0.01	> 100
SP13	16000 - 20000	≤ 20	0.01	> 100

電源用途 - PW class ferrite materials

Subclasses	f_{max} kHz	$f^{c)\,d)}$ kHz	B mT	μ_a	Performance factor ($B \times f$) mT×kHz	Power loss (volume) density KW/m³	μ_i
PW1a PW1b PW1c	100	15	300	2500	4500 (300×15)	≤ 100 ≤ 200 ≤ 300	2000 - 3500
PW2a PW2b PW2c	200	25	200	2500	5000 (200×25)	≤ 60 ≤ 150 ≤ 300	2000 - 3500
PW3a PW3b PW3c	300	100	100	3000	10000 (100×100)	≤ 60 ≤ 150 ≤ 300	2000 - 3500
PW4a PW4b PW4c	500	300	50	3000	15000 (50×300)	≤ 100 ≤ 150 ≤ 300	1400 - 2000
PW5a PW5b PW5c	1000	500	50	2000	25000 (50×500)	≤ 100 ≤ 150 ≤ 300	1400 - 2000
PW6a PW6b PW6c	2000	1000	25	1000	25000 (25×1000)	≤ 100 ≤ 150 ≤ 300	800 - 1400
PW7a PW7b PW7c	3000	2000	15	1000	30000 (15×2000)	≤ 100 ≤ 150 ≤ 300	800 - 1400

PW8a PW8b PW8c	5000	3000	10	400	30000 (10×3000)	≤ 100 ≤ 200 ≤ 300	400 - 800
PW9a PW9b	10000	5000	10	40	50000 (10×5000)	≤ 200 ≤ 300	40 - 400

(2) 材料特性別分類では、
　①正規化インピーダンス（Z_N）
　②初透磁率（μ_i）
　③相対損失係数（$\tan\delta/\mu_i$）
　④キュリー温度（T_C）
　⑤コアロス

3．IEC 60205 [3)]

IEC 60205：寸法定数計算法

　ノイズフィルタ用フェライト磁心としてリング形、U形、E形磁心が多く使用されている。この規格はインダクタの設計に必要な磁心寸法定数の計算式について定めている。以下、これら形状の寸法定数計算式を抜粋し紹介する。

Ring cores

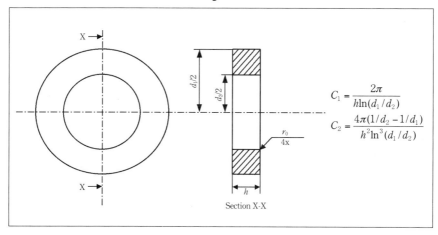

$$C_1 = \frac{2\pi}{h\ln(d_1/d_2)}$$

$$C_2 = \frac{4\pi(1/d_2 - 1/d_1)}{h^2\ln^3(d_1/d_2)}$$

Section X-X

Pair of U-cores of rectangular section

NOTE U + PLT (Plate)-cores use U core formulas

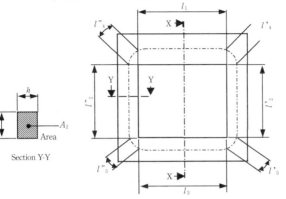

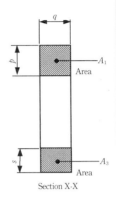

Section Y-Y

Section X-X

Length of flux path associated with area A_2 : $l_2 = l'_2 + l''_2$

Mean length of flux paths at corners : $l_4 = l'_4 + l''_4 = \dfrac{\pi}{4}(p + h)$

$$l_5 = l'_5 + l''_5 = \dfrac{\pi}{4}(s + h)$$

Mean areas associated with l_4 and l_5 : $A_4 = \dfrac{A_1 + A_2}{2}$

$$A_5 = \dfrac{A_2 + A_3}{2}$$

$$C_1 = \sum_{i=1}^{5} \dfrac{l_i}{A_i} \qquad C_2 = \sum_{i=1}^{5} \dfrac{l_i}{A_i^2}$$

Pair of E-cores of rectangular section

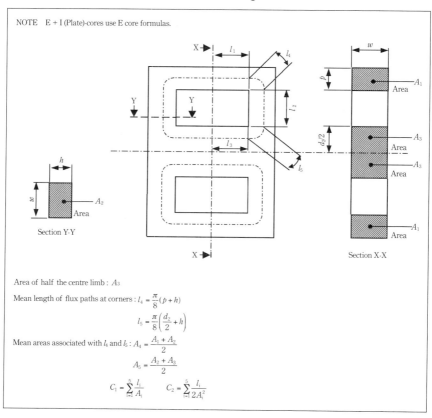

4．IEC 60401-3[4]

　IEC 60401-3：変成器およびインダクタ用磁心のメーカーカタログに記載されるデータ様式ガイド

　ユーザーがメーカー各社のカタログで磁心性能を比較する際、特性パラメータの測定条件がメーカーによって異なっているケースが多かった。この規格では主要な特性に関する測定条件を統一し、ユーザーがメーカー各社の磁心性能を容易に比較・選択できるようにした。また、国内メーカーが磁心性能の優位性を国際的にもアピールでき、国内メーカーおよびユーザーにとっても有効な

指針となっている。

参考文献
1） IEC 61332 Ed.2.0, 2005.9
2） NECトーキン株式会社カタログ：2007/03/19 P0818MCEC10 VOL06J
3） IEC 60205 Ed.3.0, 2006.4
4） IEC 60401-3 Ed.1.0, 2003.10

IEC/TC51/WG9の規格の紹介

1．はじめに

IEC/TC51/WG9（インダクティブ部品）では、インダクティブ部品に関する規格の作成、審議を行っており、部品の小型化・高周波化に対応したIEC規格の作成を日本主導で積極的に行っている。これらの規格に関する概要および今後の計画について紹介する。

2．規格体系

インダクティブ部品の中で比較的高周波で使用される部品に関するIECとJISの規格体系を図1に示す。

上段にIEC規格、下段に対応するJISを示してある。IEC規格とJIS規格を統一したものにすることを基本としているが、JIS単独の規格としてJIS C 5320：「高周波コイルおよび中間周波数変成器通則」およびJIS C 5321：「高周波コイルおよび中間周波数変成器試験方法」がある。しかし、これらは今日の部品の小型化・高周波化の進展に対応した内容への改定ができていない。

一方、インダクティブ部品の標準化としては国際標準の獲得を優先して活動しており、市場が拡大している高周波EMC部品、DC/DCコンバータ用インダク

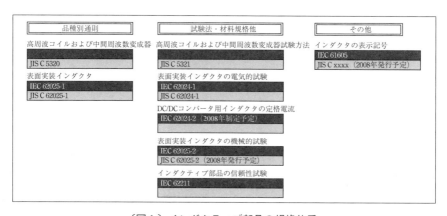

〔図1〕インダクティブ部品の規格体系

タ等を優先して、IEC規格化を日本主導で進めている。図1の中で、IEC 62211を除くすべてのIEC規格は、現在審議中のIEC 62024-2を含めて日本提案で作成されている。

また、国内に対してはIECでの制定を受けて、それらを順次JIS化する形でIEC規格と整合したJISの整備を進めている。

3. 規格の概要

3-1 IEC 62025-1、IEC 61605

IEC 62025-1は表面実装インダクタの形状、寸法、呼称および定格を定めたもので、2002年に第1版が発行され、2007年に第2版として改定された。

IEC 61605はインダクタの表示記号を定めたもので、第1版は1996年に発行され、第2版として2005年に改定されている。

これらの改定では、対象サイズを0402の極小部品、インダクタンスを1ナノヘンリークラスまでカバーできる内容にした。

これらの基本事項以外に、インダクタを使用する上で必要な特性について、部品の小形化、使用条件の高周波化、さらに実装技術の進展を反映させた、測定方法および性能の標準化を進めており、電気的性能は62024シリーズ、機械的性能等それ以外の性能を62025シリーズとして規格化している。

3-2 IEC 62025-2

表面実装インダクタの機械的性能および試験方法を定めた規格である。これは本体強度、端子強度（耐プリント板曲げ性および固着性）、はんだ付け性（はんだ槽法およびリフロー法）、はんだ耐熱性（はんだ槽法およびリフロー法）、電極のはんだ食われ性（はんだ槽法）、振動試験および耐衝撃性について規定しており、いち早く鉛フリーはんだを適用した規格として2005年に発行された。

また、振動試験および耐衝撃性試験についてはIEC 62211の信頼性試験を引用して、一般用途から車載等の高信頼性用途までのクラス分けを行っている。

3-3 IEC 62024-1

インダクタンス、Q、インピーダンス、共振周波数および直流抵抗の測定方法を定めた規格である。ナノヘンリー範囲のインダクタンスに適用できる測定

方法として2002年に発行された。

インダクタンス、Qおよびインピーダンスの測定方法としてベクトル電圧・電流計法、自己共振周波数の測定方法として最小出力法と反射法を規定しており、また、直流抵抗の測定方法としてブリッジ法を規定している。現在、対象サイズを0402まで含めた内容へと若干の改定を進めている。

◇IEC 62024-2

市場が拡大しているDC/DCコンバータ用インダクタについて、未統一であった直流重畳許容電流、温度上昇許容電流の測定方法および許容電流値の定め方、さらに、それらを基にした定格電流の定め方を規格化しており、現在審議中であるが、2008年には発行できる見込みである。

温度上昇許容電流の測定方法としては、抵抗値置換法と熱電対法、さらにその測定ジグとしてプリント配線板を使用する方法とリード線を使用する方法について規定している。

4．今後の計画

今後も市場のニーズに対応した標準化を日本主導で積極的に展開していきたいと考えている。

一方、表面実装インダクタを中心に標準化を進めているが、まだ、表面実装インダクタの必要特性のすべてを網羅するには至っていない。今後、必要特性を抽出し、完備していくとともに、使用しやすい規格体系に整備していきたいと考えている。

また、ノイズ抑制部品として広く使用されている、フェライトビーズに関する規格の整備も今後検討していきたいと考えている。

第4章

ノイズ抑制用軟磁性材料の応用技術

焼結フェライト基板およびフレキシブルシート

1. はじめに

　ソフトフェライト（軟磁性フェライト）は金属系材料に比べ比抵抗が著しく高く渦電流損失が低いことから、古くからトランスやインダクタのコア材として使用されてきた。特に近年は半導体デバイスの低電圧化と大電流化によって、小型で高効率のスイッチング電源やDC-DCコンバータが必要となり、高周波特性やコア損失に優れたソフトフェライト材料のニーズはさらに高まっている。また、電子機器の小型化・高性能（高周波）化に伴って電磁ノイズが深刻な問題となり、低周波から高周波域にかけて透磁率の変化が小さいという特性から、ノイズ抑制部品にも用いられている。さらに、近年急速に普及しているRFID (Radio Frequency Identification) 通信システムのデバイス部品にもソフトフェライト材料が用いられ始めている。本報告では電磁干渉抑制に好適なソフトフェライトの焼結基板およびフレキシブルシートを開発したことについて述べる。

2. RFID通信とソフトフェライト

　RFIDはID情報を持つタグ（RFタグ、ICタグなどと呼ぶ）による近距離無線通信システムで、膨大な情報量を瞬時に処理できるため流通や履歴管理、生産管理などに利用される。使用される周波数は、電磁誘導方式のHF帯（125kHz～135kHz、13.56MHz）と電波方式のUHF帯（860MHz～960MHz、2.45GHz）があり[1]、必要とされる通信距離やシステムコストによって使い分けられている。また、RFタグに電池を内蔵しないパッシブ方式と内蔵するアクティブ方式にも分類できる。パッシブ方式の通信距離は数mm～数m程度と、アクティブ方式の10m～100mに比べ短いものの、小型化でき安価でなおかつ電池の交換が不要なため長期間使用できるという特長を持っている。上述のようにRFIDにはいろいろな方式のシステムが存在しているが、現在最も普及しているシステムは低コストで導入でき法的届出の不要な13.56MHzのパッシブ方式のシステムであり、今後も各分野に広がっていくと予測される。身近なものでは「Suica」や「PASMO」の非接触ICカードシステムに採用されており、JR・私鉄・バスで利

用されている。また「Edy」などの電子マネー機能も併せ持つことでその利便性は拡大し、カード形態のみならず、Felica対応携帯電話「おサイフケータイ」にも普及したことから我々の生活に必要不可欠な技術となりつつある。

13.56MHzタイプのシステムのリードライトの原理は電磁誘導方式であり、RFタグとリーダーライターのアンテナコイルを磁束結合させて信号を伝達する。ただ通常のRFタグは自由空間内で用いることを前提に設計されているため、金属部品に接する場合、図1(a)のように、受信時の入射磁束で励起されRFタグアンテナの導電ループコイルに流れる電流の方向に対して、隣接する金属部品側にそれとは逆方向の鏡像(イメージ)電流が発生するため、交信距離が短くなったり作動しなくなる現象が起こる[2]。例えば携帯電話などの小型機器に搭載する場合は必然的に高密度実装となるため、プリント基板などの金属部品と隣接させて設置せざるを得なくなるとともに、限られた設置スペースに収めるためより薄いRFタグモジュールにする必要がある。そこでこれらの課題を解決するために、高透磁率の軟磁性材料が持つ電磁干渉抑制特性の磁気シールド効果を利用し、基板やシート状の層をRFタグアンテナと金属板の間に配置する

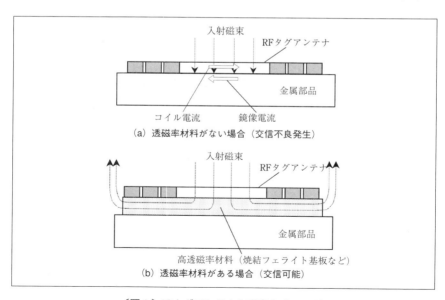

〔図1〕ICタグアンテナと磁束のイメージ

図1(b)の構造が考えられた。この構造では入射磁束は透磁率材料の層内を通り端面からリターンするため、金属部品に貼付しても通信は可能となる。

磁気シールド効果をもつシートとしては、金属磁性粉とバインダーから構成されるものが知られており[3,4]、柔軟性があることから磁気シールド以外にもノイズ抑制シートとしてなど多方面で使われている。ソフトフェライト焼結体は、金属磁性粉シートに比べ損失が低く透磁率が高いことからさらに優れた磁気シールド効果が得られ、RFタグの交信距離を長くできる材料として注目されそのニーズが急速に増えている。

3．ソフトフェライト材料と焼結体
3-1　ソフトフェライト磁性粉

ソフトフェライトはフェリ磁性で、その結晶構造はスピネル型、六方晶型、ガーネット型に分類される。代表的な結晶構造はスピネル型で、$NiO \cdot ZnO \cdot Fe_2O_3$からなるNi-Zn系フェライトや$MnO \cdot ZnO \cdot Fe_2O_3$からなるMn-Zn系フェライトがある[5]。

13.56MHzでの使用を考慮すると、体積固有抵抗率が高く渦電流損失の少ないNi-Zn系フェライトが適している。デバイスとして求められる特性を得るためにはソフトフェライト粉を高温で焼成しバルクの焼結体にしなければならないが、部品によってはできるだけ低温で焼成するプロセスが要求されるものもあり、その場合にはCuOを添加することで低温焼結を可能にしたNi-Zn-Cu系ソフトフェライト粉が用いられる。我々は、さらにプロセスや粒径を最適化することでNi-Zn系フェライトよりも250～300℃低い900℃程度で焼結する粉の製造に成功した。透磁率はNiとZnの組成比でコントロールでき、要求される特性に対応するため種々の透磁率特性のNi-Zn-Cu系ソフトフェライト粉を製造している。

3-2　焼結フェライト基板

基板形状のソフトフェライト焼結体を得るためには大きく2つの方法がある。ひとつはブロック焼結体を板状に切削・研磨する方法であるが、高品質な基板が得られる反面、製造コストや薄板化に課題がある。もうひとつの方法はフェライト粉をシート状に成形した後に焼成する方法で、上述の課題を解決できる。成形方法としては、プレス成形、押出成形、泥しょう鋳込み成形、ドク

ターブレード法などが一般的に使われているが、我々はその中で300μm以下の薄膜シートの成形に適したドクターブレード法を用いて検討した。ドクターブレード法とは、積層セラミックコンデンサ（MLCC）などの製造に使われている手法で、原料粉末と有機バインダー、分散材、可塑剤、有機溶剤または水からなるスラリーを、連続コーターなどのドクターブレード成膜機にて、一定の厚みにキャリアベースフィルム上に連続塗工・乾燥し、その後に溶剤などの揮発成分を除去してグリーンシート（焼成前の生のシート）を製造する方法である。グリーンシートを所定の形状にカットし焼成することでソフトフェライトの焼結基板が得られる（図2）。焼成工程は大きく2つの過程に分けられる。まず、グリーンシート中の有機バインダーなどを燃焼除去する脱バインダープロセスで、150～550℃で5～80時間焼成する。その際、シート形状の加熱変形や割れを防ぐために、昇温速度や焼成炉中の雰囲気の調整などが重要となる。

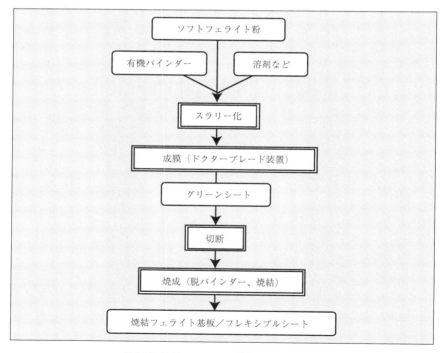

〔図2〕焼結フェライト基板の製造フロー

その次にフェライト粒子を成長させる焼結プロセスがあり、900℃程度で1～5時間焼成する。グリーンシートおよび焼結して得られる基板表面のAFM（原子間力顕微鏡）イメージをそれぞれ図3(a)と(b)に示す。グリーンシートで見られる0.7μm程度のNi-Zn-Cu系ソフトフェライト粉の粒子は、焼成後に焼結・粒子成長して2μm～3μm程度のグレインになっていることがわかる。粒子同士が焼結することによってサイズが収縮するので、このプロセスでは基板の平滑性や表面性を良好な状態にするためのコントロール技術が重要となる。

我々が製品化している代表的なNi-Zn-Cu系フェライト粉とグリーンシートおよび焼結基板の特性を表1に示す。体積固有抵抗率は10^9～10^{12}Ωcmと非常に高い。

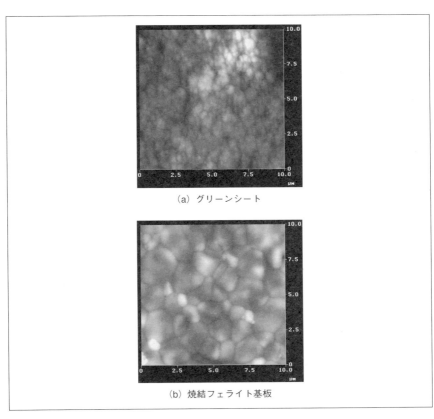

(a) グリーンシート

(b) 焼結フェライト基板

〔図3〕グリーンシートおよび焼結フェライト基板表面のAFMイメージ

[表1] Ni-Zn-Cu系フェライトの種類と特性

	製品種名	30材	100材	170材	500材	1000材
粉体特性	平均粒子径（μm）	0.65	0.72	0.69	0.70	0.65
	比表面積（m²/g）	4.4	4.6	4.3	4.0	4.6
	圧縮密度（g/cm³）	3.06	3.06	3.08	3.11	3.10
グリーンシート特性	シート密度（g/cm³）	3.5	3.5	3.5	3.5	3.5
	最小厚み（μm）	10	10	10	10	10
焼結基板特性	焼成温度（℃）	900	900	900	900	900
	収縮率（%）	15.2	15.2	15.2	15.3	15.3
	焼結密度（g/cm³）	5.13	5.13	5.14	5.15	5.15
	透磁率 μ'（at 1MHz）	30	110	170	520	1000
	Q（at 1MHz）	37	78	67	32	17
	キュリー温度（℃）	460	300	260	150	100
	体積固有抵抗率（Ωcm）	2.4×10^9	2.8×10^{10}	6.9×10^{10}	2.3×10^{11}	2.2×10^{12}

各製品の透磁率の実数部μ'および虚数部μ''の周波数特性を図4・図5に示す。RFタグで使用する場合、一般的にμ'は高い方が良いがμ''が高いと損失も大きくなることから、デバイスの設計に応じた最適な材料を選定することが必要である。また、磁性材料は温度によって磁気特性が変化することが知られているが、携帯電話などに内蔵した場合、使用する環境温度によって特性が大きく変化すると問題となる。我々の代表的な製品のμ'の温度特性を図6に示す。ここで$\Delta\mu'$は25℃で測定した$\mu_{r.t.}'$（測定周波数は1MHz）に対する各温度でのμ'の変化率を示したものである［$\Delta\mu' = (\mu_t' - \mu_{r.t.}')/\mu_{r.t.}' \times 100$］。−50〜150℃の範囲で$\Delta\mu'$は−15〜30%と非常に小さいことから共振周波数の温度依存性も小さく、安定した特性を得ることができる。焼結フェライト基板の厚みとしては100μm〜250μmが主流であるが、ドクターブレード法ではより薄い基板の作製も容易である。また厚い基板が必要な場合も、シート成膜の条件変更またはグリーンシートを積層するなどの方法で作製することが可能である。

3—3 焼結フェライトフレキシブルシート

焼結したフェライト基板を部品として使用する際、最も問題となるのは機械的な応用力や衝撃に弱く割れやすいことである。割れると焼結粒子間に空隙ができ透磁率が低下するため特性が劣化してしまうからである。特に基板の厚みが薄くなればなるほど割れやすくなるため、製造工程中やRFタグアンテナとの

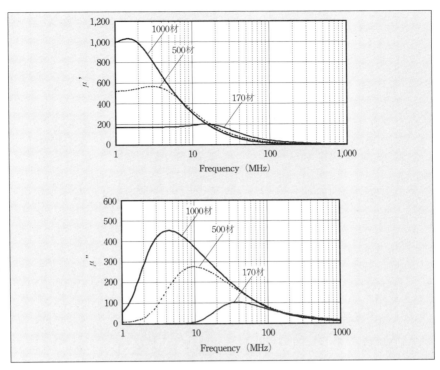

〔図4〕焼結フェライト基板の透磁率（μ'とμ''）の周波数特性（1）

アッセンブル中でのハンドリングが困難となる。また、RFタグアンテナとフェライト基板のモジュールは必ずしも平滑な面に貼り付けて使用するとは限らず、フレキシブル性を付与することは設置の自由度を広げるためにも必要である。さらには、携帯電話などのモバイル端末機に組み込んだ後、使用中に受ける衝撃によってフェライト基板が割れて透磁率が下がると、13.56MHzに調整した共振周波数が変化するため交信特性が劣化する。そこでこの問題を解決するために、予め基板を衝撃で割れない程度の個片に分割して屈曲できるシート形態にすることを考えた。具体的には、焼結フェライト基板表面に1辺の長さが1mm～12mmの多角形（三角形や四角形など）の溝を入れておき、基板の片面に粘着フィルムを貼った後にこの溝に沿って破断することでフレキシブルシートとした（写真1）。13.56MHzにおけるμ'の破断後の低下率は20～40%程度で

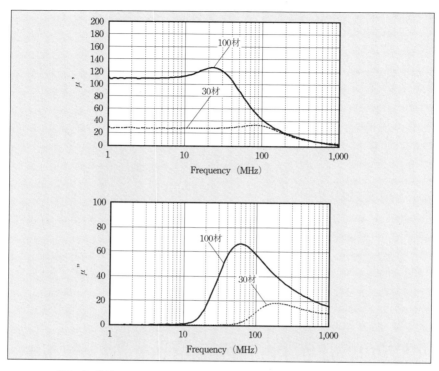

〔図5〕焼結フェライト基板の透磁率(μ'とμ'')の周波数特性(2)

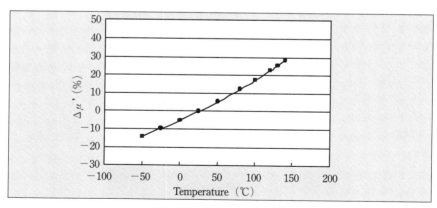

〔図6〕透磁率μ'の温度特性

〔写真1〕焼結フェライトのフレキシブルシート

あるが、それでも120以上の高いμ'を示すため十分な交信距離特性を得ることができる。一方μ''も破断することによって70%～80%低くなるが、損失が小さくなる方向に作用するため、逆に破断することで良好かつ安定した特性が得られるという相乗効果が得られる。

3−4 GHz帯対応フェライト

Ni-Zn系やMn-Zn系のスピネル型フェライト以外に、六方晶型フェライトも存在していることは上でも述べたが、その組成によってM型（$BaFe_{12}O_{19}$）、Z型（$Ba_3M_2Fe_{24}O_{41}$）、Y型（$Ba_2M_2Fe_{12}O_{22}$）、W型（$BaM_2Fe_{16}O_{27}$）に分けられる。一般的に六方晶型はスピネル型に比べて複雑な構造であるため高温焼成が必要とされる。そこで我々は900℃以下の低温焼成が可能で、スピネル型より高周波のGHz帯に対応できる六方晶のZ型を主相とするソフトフェライトを開発した。μ'の周波数特性は、図7に示すように、μ'が低周波から1GHz付近までほぼ一定であるため、幅広い周波数帯域で安定したインダクタンスが得られる。また電磁ノイズ吸収においては、μ''が高くなる1GHz～数GHz帯で良好な特性を示すことがわかる。低温焼成でも5.0g/cm^{3}以上の高い焼結密度と、$10^8 \Omega$cm以上の高い体積固有抵抗率を示すことからも、特に高周波で使用するデバイスへの展開が期待される。

4．まとめ

今後さらに用途を拡大していくと予想される13.56MHzのRFIDシステムにおいて、RFタグアンテナを金属部品に隣接設置して使用する際の通信距離を改善

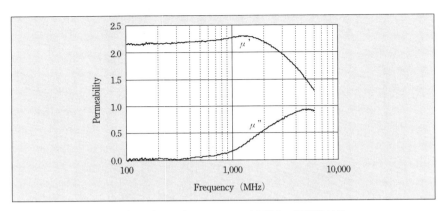

〔図7〕六方晶Z型フェライトの透磁率の周波数特性

するため、適した特性を持つ焼結フェライト基板およびフレキシブルシートを作製した。

ソフトフェライト焼結体材料は金属磁性粉材料に比べて高いμ'と低いμ''および高い表面抵抗を有することから、今後の小型高性能な通信機器の開発・製品化には欠かせないデバイス材料であると言える。

5．参考文献

1) K.Finkenzeller：「RFIDハンドブック第2版」，日刊工業新聞社，2004年
2) 上坂晃一，高橋応明：「無線ICタグにおけるアンテナ技術」，信学論，BVol.J89-B No.9, pp.1548-1557, 2006年
3) 栗倉由夫：「次世代電波吸収体の技術と応用展開」，pp.195-207，シーエムシー出版，2003年
4) 佐々木信浩，伊藤哲夫：「ノイズ抑制シートの最新技術」，機能材料，Vol.26 No.12, pp.67-71, 2006年
5) 小沼稔：「磁性材料」，pp.85-91，工学図書株式会社，1996年

フェライトめっき膜による高周波ノイズ対策

1. はじめに

　ユビキタス環境の整備が進むなか、深刻さを増している高周波ノイズ障害の簡便な解決手段として、偏平状の磁性金属粉末をポリマー中に配列したノイズ抑制シートが提案・実用化され[1,2]、携帯電話機やディジタルカメラなどで広く利用されている．ノイズ抑制シートは、磁気共鳴に由来する周波数選択性の損失特性と高い電気抵抗を有し、二次的な電磁障害などの副作用を伴うことなく高周波ノイズだけを効果的に抑制できるので、「貼るだけで効く」簡便な対策部品として普及し、実装評価法が国際電気標準会議（IEC）で標準化されるに至っている[3]。

　一方、シート厚さへの要求は、余分な空間のない携帯電話機やディジタルカメラでの用途拡大で今や10μmに到達しそうな状況であり、次世代のノイズ抑制シートとして優れた高周波透磁率特性を有するフェライトめっき膜[4]やナノグラニュラ薄膜[5]に注目が集まっている。著者らは2000年頃より、近い将来の高周波・広帯域化とダウンサイジング対応をにらみ、配線基板やSiP（System in Package）への適用を想定したフェライトめっき膜（厚さ1μm～5μm）と、半導体ウェハへの実装を狙ったナノグラニュラ薄膜（厚さ0.1μm～0.5μm）の検討を進めてきた。

　ここで紹介するフェライトめっき膜（バスタフェリックス®）は、東京工業大学の阿部教授により成膜法が開発され[6]、当社が実用化を目指している新しい薄膜磁性体で、従来のノイズ抑制シートと同様の二次元形状を持ちながらバインダのような非磁性物質を含まないので、厚さわずか数ミクロンで十分なノイズ抑制効果を発揮する。また、生産性に優れ、成膜の対象となる物質をあまり選ばないので、多層プリント配線板やSiPの表面／内部で電磁干渉によって生じる誤動作や不要輻射などの電磁障害を抑制しうる新しいノイズ対策、信号品質対策材料として実用化が期待されている。

2．フェライトめっき膜の実装適性

　まずフェライトめっき膜の特長を理解するために、ノイズ抑制シートに求められる実装適応の条件[7]に照らしながら、フェライトめっき膜の優れた適性について説明する。

　ノイズ抑制シートをプリント配線板や機器筐体に「貼るだけ」で効果を発揮させるには、次に述べる2つの原則を満たす必要がある。第一の原則は、対策に伴う「副作用がないこと」であり、第二の原則は「実装自在なこと」である。ここで第一の原則「副作用がないこと」は、ノイズ抑制シートを装着したときに、別の場所や新たな周波数領域での不要輻射の発生（反射の増加）や、SN比やエラーレートの劣化（信号の減衰）を引き起こさないことである。図1に、ノイズ抑制シートを配線基板上に装着したときの信号（ノイズ）伝送の変化を模式的に示す。ノイズ抑制シート装着による二次障害を防ぐには、シートを伝送線路に装着した状態で、①反射損失S_{11}が十分小さいこと、および②透過特性S_{21}が高周波領域で急激に増大することの2つが求められる。①の小さなS_{11}には大きな電気抵抗が必要になり、②のS_{21}の急峻な増大には磁気共鳴が特定の周波数で鋭く立ち上がることが必要になる。フェライトめっき膜は、金属材料であるアモルファス薄膜やナノグラニュラ薄膜と異なり、NiZnを含有する電気抵抗の大きな酸化鉄（NiZnフェライト）からなるので、$10^3\,\Omega\cdot{\rm cm}\sim10^6\,\Omega\cdot{\rm cm}$の高い電気抵抗を示し、反射損失$S_{11}$を非常に小さくでき、信号やノイズの反射による二次障害を引き起こしにくい。また磁気共鳴の立ち上がりを鈍くする原因であ

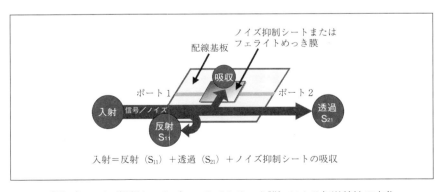

〔図1〕ノイズ抑制シート（フェライトめっき膜）による伝送特性の変化

る磁気異方性の強度分散が小さいので、鋭く立ち上がる磁気共鳴が出現し、その結果S_{21}の変化が急峻になるので信号の減衰があまり生じない。すなわち第一の原則を十分に満足する性能を有している。

　一方、第二の原則「実装自在なこと」、すなわち加工や装着の容易さに関しても、フェライトめっき膜は既存のノイズ抑制シートと同等以上の優れた特長を持っている。まず、フェライトめっき膜は、粘着層を介して実装する既存のノイズ抑制シートとは異なり水溶液を用いる無電解めっき法で成膜するので、水をはじく疎水性の強い物質を除き、半導体パッケージやプリント配線基板などほとんどの電子部品に直接成膜でき、めっき対象物の表面形状によらず均質な薄膜を直付けできる。このため、既存のノイズ抑制シートと違い、立体的な部品形状にも対応できるばかりでなく、ノイズ抑制の対象部品／回路との隙間をなくすことができるので高いノイズ抑制効率が得られる。また、フェライトめっき膜の結晶構造は一般的な焼結フェライトと同じスピネル構造でありながら高い屈曲性を示すので、ノイズ抑制シートと同様にフレキシブルプリント配線板のような屈曲性が求められる回路部品への実装（めっき）も可能である。ところで、第二の原則である実装自在性を実現するためには、成膜のしやすさや、基板等への付着強度および膜の機械的な特性などの他に、もう1つ大事な条件がある。ノイズ抑制シートは配線基板の一部分に貼り付ける形で用いられることが多いが、これを磁気回路として眺めれば開磁路である。バルクのスピネル型フェライトのような磁気的に等方性の材料で磁気回路を構成する際は、透磁率（μ）すなわち磁束の通しやすさを損なわぬよう閉磁路にする。この理由は、バルク形状の材料で磁路を構成すると、磁束が通る方向に対して形状に依存する反磁界（磁路方向の反磁界係数$N_d(x)$と飽和磁化M_sの積$N_d(x) \cdot M_s$という逆向きの磁界が働くために、磁路方向の実効的な透磁率（μ_e）が桁違いに小さくなってしまう（すなわち磁束が通りにくくなる）のを防ぐためである（開磁路での磁性体の実効透磁率μ_eは、$\mu_e \approx 1/N_d(x)$で示され、材料固有の初透磁率μ_iには無関係に磁路方向の反磁界係数$N_d(x)$によって決まる）。ところが、ノイズ抑制シートやフェライトめっきでは、シートに用いる磁性粉末やシートの形状に由来する磁路方向の反磁界が非常に小さいので、開磁路で使っても透磁率（μ_e）の低下が少なく、「シートを貼り付ける（ないしはめっきする）」といっ

た焼結フェライトでは実現できなかった簡便な使い方でノイズ抑制効果を発揮する。

　以上述べたように、フェライトめっき膜はノイズ抑制シートに求められる2つの原則を十分満足しているが、そればかりではなく、焼結フェライトの優れた特性も持ち合わせている。すなわち、フェライトめっき膜は焼結フェライトと同様に有機物を含まないので不燃性であり、はんだの溶融温度にも十分耐えるので、プリント配線板に直接めっきした後でのリフローはんだ処理も問題なく行える。

3．フェライトめっき膜の成膜方法、磁気特性、およびノイズ抑制能の評価方法

3−1　フェライトめっき膜の成膜方法

　フェライトめっき膜は、一般的な焼結フェライトと同じスピネル型の結晶構造を有しているが、その作り方は焼結フェライトとは全く異なり、次の化学反応式で表わされる$Fe^{2+} \rightarrow Fe^{3+}$酸化反応を利用する水溶液プロセスで化学的に生成される[6]。

$$3Fe^{2+}+4H_2O \rightarrow Fe_3O_4+8H^++2e^- \quad\quad (1)$$

　Fe以外にNiやZnを含んだ実際のフェライトめっき膜の生成過程は、図2に模式的に示すように、①OH基を介したFe^{2+}の基板吸着→②$Fe^{2+} \rightarrow Fe^{3+}$の酸化反応→③加水分解を伴うスピネル構造化の繰り返しであって、図3に示すスピンスプレー法のような簡便な方法で実現できる。このめっき工程の優れた点は、一連の化学反応が常温で進行することと、前述したように水溶液プロセスであるために部品が実装されたプリント配線基板のような立体的な形状の対象物にも対応できること、および−OH基ないしは=O基を表面に持つ多くの基材に直接成膜できることである。これら3つの特長は、ノイズ抑制の対象となる半導体素子や各種配線基板に対する実装容易性の源となっており、フェライトめっき膜の大きな利点である。

3−2　フェライトめっき膜の磁気特性

　図4は、磁性体の透磁率μ（複素透磁率$\mu=\mu'-j\mu''$）の周波数分散特性（以

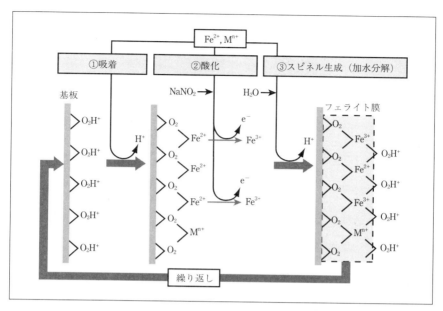

〔図2〕フェライトめっき膜生成の化学反応

降、透磁率プロファイルと呼ぶ）を模式的に示したもので、フェライトめっき膜に求められる透磁率特性についてこの図に基づき説明する。

　フェライトめっき膜の電磁干渉抑制機能は磁性体の透磁率分散により発現するので、図4に示す透磁率プロファイルの設計がシートの性能を大きく左右する。透磁率プロファイルで特に大切な要素は3つあって、①初透磁率μ_iと共鳴周波数f_rの積$\mu_i \cdot f_r$が大きいこと、②共鳴周波数f_rが広い周波数範囲で制御可能なこと、および③共鳴損失が鋭く立ち上がることである。①の初透磁率μ_iと共鳴周波数f_rの積$\mu_i \cdot f_r$の大きさは、材料固有の異方性磁界H_aと飽和磁化M_sの他に、材料形状にも依存する。初透磁率μ_iと共鳴周波数f_rはそれぞれ式(2)および式(3)で表わされ、両者の間には式(4)の関係が成り立つ。

$$\mu_i = 2M_s / 3H_a\mu_0 \quad \text{...(2)}$$

$$f_r \text{ (for bulk)} = (\gamma/2\pi) H_a \quad \text{...(3)}$$

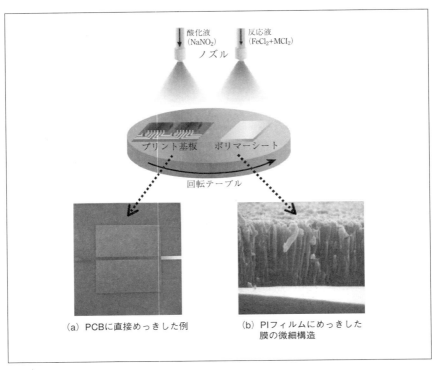

〔図3〕フェライトめっき膜の製造方法（スピンスプレー法）

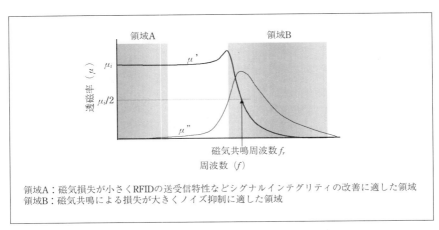

領域A：磁気損失が小さくRFIDの送受信特性などシグナルインテグリティの改善に適した領域
領域B：磁気共鳴による損失が大きくノイズ抑制に適した領域

〔図4〕透磁率の周波数分散と用途別の使用領域

$$f_r \cdot \mu_i = \gamma M_s / 3\pi\mu_0 \quad \cdots\cdots(4)$$

γ：磁気回転比　μ_0：真空の透磁率

$$f_r \text{ (for film)} = (\gamma/2\pi)(H_a \cdot N_d(z) \cdot M_s/\gamma_0)^{1/2} \quad \cdots\cdots(5)$$

　$\mu_i \cdot f_r$積は材料の飽和磁化M_sに比例するので、M_sが同じ材料系ではその値は一定となり（Snoekの法則）、それ以上に大きな$\mu_i \cdot f_r$積は実現不可能である。ところが、ここにもう1つのファクタとして材料形状が加わると、厚さ方向の反磁界$N_d(z) \cdot M_s$（前出の反磁界$N_d(x) \cdot M_s$とは働く方向が異なることに注意）がスピンの歳差運動エネルギーを高める働きをするために、式(3)が式(5)の関係に変化する。ここで$M_s/(\mu_0 \cdot H_a) \gg 1$であるから、厚さ方向の反磁界が大きくなる形状、つまり薄膜では同じ組成のバルク材料に比べて共鳴周波数f_rが格段に高まることになる。図5にフェライトめっき膜の透磁率プロファイルの一例を示すが、めっき膜の共鳴周波数はバルクに比べて半桁から1桁高い。これはフェライトめっき膜の厚さが数μmと薄いために厚さ方向の反磁界係数$N_d(z) \fallingdotseq 1$となって式(5)で導出される共鳴周波数f_rが高まった結果である（既存の複合型ノイズ抑制シートは、それ自体の形状がシート状であって、シートを構成する磁性体材料

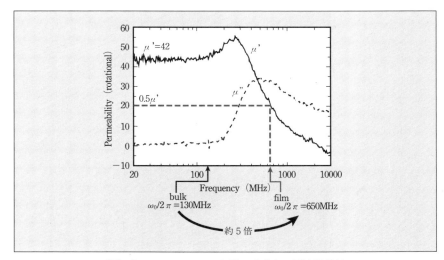

〔図5〕フェライトめっき膜の透磁率の周波数特性
　　　（NiZnフェライト（$\rho = 5 \times 10^6 \Omega$cm）での比較）

にアスペクト比の大きな偏平形状の粉末が用いられているが、これも同じ理由による)。以上の理由により、フェライトめっき膜ではバルク形状の焼結フェライトに比べて1桁近く大きな$\mu_i \cdot f_r$積が得られる。

次に②の共鳴周波数f_rの制御手段であるが、前述のとおりフェライトめっき膜は薄膜なのでf_rは式(5)から導かれ、反磁界係数$N_d(z) \fallingdotseq 1$が常に成立すると共に飽和磁化M_sの値は大きくは変わらないので、共鳴周波数f_rを変化させるには主に異方性磁界H_aを制御することになる。フェライトめっき膜は、前節で述べた化学反応によって堆積するので、主要な添加物であるNi、Znの量や反応条件を変えることで比較的容易に異方性磁界H_aを制御できる。

③の共鳴が鋭く立ち上がることは、信号品質を確保する上で大切な要素である。すなわち、高周波ノイズの抑制は、磁気共鳴を利用した周波数領域分離によってノイズ成分のみを減衰させることでなされるので、信号周波数領域には磁気共鳴による損失があってはならず、逆にノイズ領域では大きな共鳴損失が必要になる。また、RFID磁気回路への応用では、磁気共鳴による透磁率の周波数分散が始まる前の状態を使って磁気シールド効果を得るので、②で述べた共鳴周波数f_rの制御も併せて実現しなければならない。磁気共鳴の立ち上がりの鋭さは、結晶相のような磁性を担う構成要素個々の異方性磁界H_aのばらつき(分散)の少なさを意味するが、フェライトめっき膜では構成要素である柱状結晶の均質性が高く、隣接する結晶どうしが交換相互作用によって強く結合しているためにH_aのばらつきが小さく、複合型のノイズ抑制シートに比べて格段に鋭い共鳴の立ち上がりを示す。図6にフェライトめっき膜と複合型のノイズ抑制シートの各々について微細構造の模式図と透磁率(μ'')プロファイルを示す。両者の比較からフェライトめっき膜の立ち上がりの鋭さが見て取れ、高周波ノイズの抑制のみならずRFIDなどの信号品質改善に対して大変使いやすい特性であることが理解できる。

3—3 フェライトめっき膜のノイズ抑制能

フェライトめっきは前述したように様々な素材に適用できるので、PETなどのポリマーフィルム、ポリイミドからなるFFC／FPC基板、電子部品が実装されたガラスエポキシ配線基板、半導体封止材などの主要な電子部品の表面に成膜可能である。既存のノイズ抑制シートを用いた電磁干渉抑制は、基板にパタ

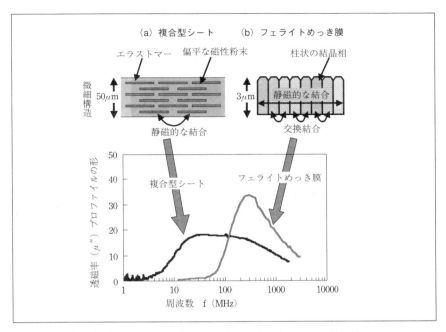

〔図6〕複合型ノイズ抑制シートとフェライトめっきの微細構造と
透磁率（μ''）プロファイルの違い

ーニングされた伝送線路上に粘着層を介して貼り付けるやり方が一般的であり、このときのノイズ抑制効果は単位線路長あたりの大きさP_{loss}として次式で表わされる。

$$P_{loss} \propto M \cdot \mu'' \cdot f \cdot \delta \tag{6}$$

ここで、Mは伝送線路に流れる電流により生じる高周波磁束とノイズ抑制シートとの結合係数、δは高周波電流によって磁化された深さである。式(6)の結合係数Mには伝送線路とノイズ抑制シート間に入る粘着テープのような隙間の影響が含まれ、伝送線路に流れるノイズ電流が微弱な場合にはMもδも小さくなるのでノイズ抑制効果が低下してしまう。したがって、大きな抑制効果を得るためには結合係数劣化の原因である隙間の排除が必要となる。そのため既存のノイズ抑制シートでは自己粘着性をもつものも開発されているが、装着強度を確保するためにどうしても粘着テープを用いることになってしまう。一方、

フェライトめっき膜は、対象部品／回路に直接成膜できるので複合型のシートに比べて大きな結合係数Mを得ることができ、実装の点からも大変優れた材料と言える。図7は、マイクロストリップ線路上に厚さ50μmのノイズ抑制シート（μ_i=50）を粘着シートなしで密着させたときと、厚さ3μmのフェライトめっき膜（μ_i=45）を直接成膜したときの伝導ノイズ抑制効果P_{loss}を比較した結果である。図8は、各々の磁性膜を実際の回路に実装したときのイメージであり、(a)および(b)は、各々ノイズ抑制シート、およびフェライトめっき膜に対応する。このように、フェライトめっき膜は電子部品や回路に直接成膜でき、厚さわずか3μmで十分なノイズ抑制効果を発揮するので、高密度実装された電子回路や微細な電子部品への実装や多層配線基板への内装化などノイズ抑制シー

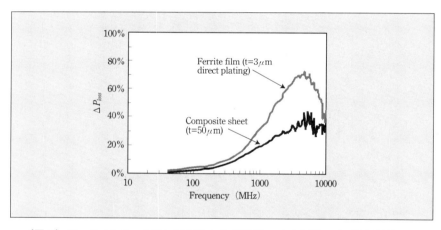

〔図7〕フェライトめっき膜と複合型ノイズ抑制シートの伝導ノイズ抑制効果P_{loss}

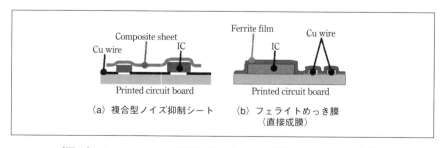

〔図8〕フェライトめっき膜と複合型ノイズ抑制シートの実装模式図

トでは実現が困難な新しい用途展開が見込まれる。

4．フェライトめっき膜の高周波ノイズ抑制効果
4-1　フェライト膜が直接めっきされた片面プリント配線板の放射ノイズ特性[8]

20MHzのクロックで動作するマイコンチップを搭載した片面プリント配線板の表面に、スピンスプレー法により厚さが3μmのNi-Znフェライト膜を直接成膜した。図9に、ここで用いたフェライトめっき膜の透磁率プロファイルを示す。このプリント配線板をTEMセルに装着し、増幅器を介してスペクトラムアナライザに接続して、マイコン動作時の放射ノイズを計測した。図10に放射ノイズ

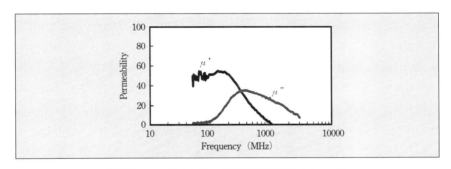

〔図9〕フェライトめっき膜の透磁率プロファイル

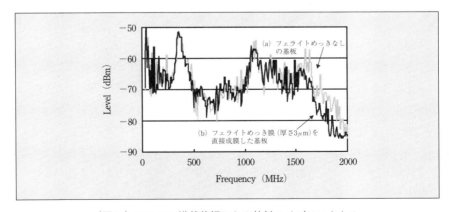

〔図10〕マイコン搭載基板からの放射ノイズスペクトル

スペクトルを示す。フェライトめっき膜を直接成膜したプリント配線板では、フェライト膜のない配線板と比べて放射ノイズレベルが低下し、その効果は周波数の増加と共に顕著となり1GHz以上では明瞭な差として現われている。この結果は、前節で示したフェライト膜を伝送線路に配置したときの伝導ノイズ抑制効果の周波数依存性を反映している。すなわち、プリント配線板のほぼ全面にフェライトめっき膜を設けたことで、基板に伝播するマイコンチップの高調波電流をフェライト膜の磁気損失によって効率良く吸収した結果と判断できる。この実験に用いたプリント配線板にはマイコンチップの他にキャパシタなど複数の電子部品が搭載されているが、フェライトめっき膜を直接成膜したことによる動作の不具合など回路機能に影響を及ぼすような問題は認められなかった。これはフェライトめっき膜が80℃程度の比較的低い温度で成膜でき、高い電気抵抗を示し、熱的にも安定であることに由来すると考えている。

4—2 グラウンド層と電源層にフェライト層を有する4層プリント配線板の放射ノイズ特性[9]

スピンスプレー式フェライトめっき装置[4]を用い、4層プリント配線板の第2層と第3層を構成するコア材の両面に厚さ約3μmのフェライトめっき膜を密着成形した。得られたフェライトめっき膜付きコア材の両面に、エポキシプリプレグ（厚さ：0.2mm）と銅箔（厚さ：0.012mm）を熱圧着して第1層と第4層を設け、ヴィアホール用の穴を形成した後、厚さ0.01mmの銅めっきを施してヴィアホール導体を設け、配線パターンを形成して評価用の4層プリント配線板を得た。この4層配線板では、信号層1および信号層2が各々第1層および第4層に配置され、フェライト膜がめっきされたグラウンド層と電源層が各々第2層および第3層に配置されている。図11に、4層プリント配線板の断面模式図を示す。内層にフェライト膜が設けられた配線板と、フェライト膜なしの配線板の2種類のプリント配線板に、クロック75MHzのPLD（Programmable logic Device）と4個のドライバIC、およびこれらの動作に必要な抵抗、キャパシタを実装し、評価回路を構成した。これら2種類のプリント配線板を電波暗室に設置し、同一条件で動作させたときの放射ノイズスペクトルを調べた。周波数が30MHz〜1GHzの放射ノイズスペクトルには、フェライト膜の有無による違いは認められなかったが、周波数1GHz〜8GHzでは、図12から明らかなよう

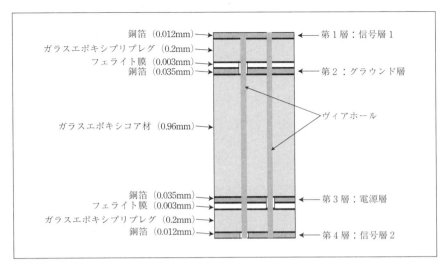

〔図11〕フェライトめっき膜を内装した4層プリント配線板の断面模式図

に、フェライト膜を内装した配線板において、1GHz～3GHzで2dB～5dBの放射抑制がみられた。この効果は、前節の片面プリント配線板に対する抑制効果と同様、フェライト膜のP_{loss}/P_{in}特性を反映した結果と考えられ、GHz帯での放射ノイズの抑制は、フェライトめっき膜の磁気損失によってグラウンド層や電源層に流れる高周波電流が吸収、抑圧された結果と判断できる。

5．今後の展望

進展著しい携帯電話機をはじめとするIT関連機器においては、高周波電磁干渉問題の解決なくして設計通りの性能確保が困難な状況となっており、ノイズ抑制シートには高周波ノイズ（EMIや自家中毒）を抑制するための大きな磁気損失機能に加えて、高周波電流に誘起される磁束の流れを工夫して信号品質（SI）を改善するための高周波磁気シールド機能が求められている。このような状況下、フェライトめっき膜の高い電気抵抗と優れた透磁率特性を活かした配線基板への直接成膜やUHF帯RFIDの送受信特性改善などの新たなアプリケーションが育まれつつあり、高周波電磁干渉問題に対する新しいソリューションを提供する素材として期待が高まっている。

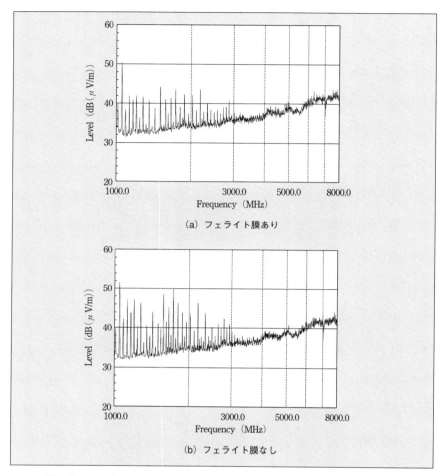

〔図12〕 4層プリント配線板からの1GHz〜8GHz帯放射ノイズ（垂直偏波）

謝辞

　フェライトめっき膜に関して日頃からご指導、ご協力を頂戴している東京工業大学の阿部正紀教授、松下伸広准教授、多田大助教、および薄膜磁性体の応用研究に関して有益な議論を頂いている東北大学の島田寛名誉教授と山口正洋教授に深謝します。また、フェライトめっき膜の多層基板への実装と効果の検証でご尽力賜りました株式会社　システム・デザイン研究所の久保寺忠氏、日

本フェンオール株式会社の吉田宏氏、鎌田幸彦氏に深謝いたします。本研究の一部は、独立行政法人新エネルギー・産業技術総合開発機構（NEDO）大学発事業創出実用化研究開発事業費助成金（平成16年度〜17年度）による援助を受けて行われました。

引用文献

1) M. Sato, S. Yoshida, E. Sugawara and Y. Shimada : J. Magn. Soc. Jpn., 20, 4214, 1996
2) S. Yoshida, M. Sato, and Y. Sato : Abstruct of 1997 EMC Symposium, 4-1-1, 1997
3) IEC 62333-1 Ed.1, 62333-2 Ed.1, "Noise suppression sheet for digital devices and equipment", 2006
4) K. Kondo, T. Chiba, H. Ono, S. Yoshida, Y. Shimada, N. Matsushita, M. Abe : J. Appl. Phys.,93, 7130, 2003
5) S. Yoshida, H. Ono, S. Ando, F. Tsuda, T. Ito, Y. Shimada, M. Yamaguchi, K.I. Arai, S. Ohnuma, T. Masumoto : IEEE Trans. Magn., 37, 2401, 2001
6) 阿部正紀：科学と工業，75，8，342，2001年
7) 吉田栄吉：電気学会誌，123，11，733，2003年
8) 小野裕司，近藤幸一：「フェライトめっきによるLSI実装基板のノイズ低減」，電気学会基礎・材料・共通部門大会2006，151，2006年
9) 吉田栄吉，近藤幸一，久保寺忠：「第21回エレクトロニクス実装学会講演大会講演論文集」，15B-10，133，2007年

ノイズ抑制シートの作用と分類および性能評価法

1. はじめに

ユビキタス社会で重要な位置を占める携帯電話機や小型のノートPC、デジタルカメラ（DSC）などにおいて、小型化と高性能化のための電子部品の高密度実装と情報量の増加、情報処理の高速化が、部品や回路の間に複雑な電磁干渉をもたらし、高周波領域での自家中毒（Intra-system Electro-Magnetic Interferences）や不要輻射（Inter-system Electro-Magnetic Interferences）が深刻な問題となっている。

ノイズ抑制シートは、比較的大きな透磁率と準マイクロ波帯に磁気共鳴損失を有する軟磁性体からなり、これを電磁干渉が生じている空間に配置すれば誘導性の結合が抑制され[1]、伝送線路の直上に配置すれば線路にローパスフィルタ特性が付加されて高周波ノイズが減衰する[2]。このローパスフィルタの切れが悪いと信号品質が低下してしまうので、回路に急峻なインピーダンス変化を誘導するための立ち上がりの鋭い磁気共鳴分散と大きな電気抵抗が求められる。ところが、ノイズ対策部品に広く用いられているバルクのスピネル型フェライトでは、磁気共鳴分散は急峻に立ち上がるものの、Snoek則の制約で準マイクロ波帯では大きな磁気損失が望めない。スピネル型フェライトの周波数限界を超える材料として、プレーナ型構造を持つフェライトや、金属薄膜磁性体の研究が盛んに行われてきたが、前者はバルキーで堅いために小型・軽量の電子機器内部での用途には向かず、透磁率も金属磁性体に比べて非常に小さい。後者は高周波で優れた透磁率を実現できる反面、大きなパーミアンス（透磁率 μ と厚さ δ の積 $\mu \cdot \delta$）を得るために相当な工数を必要とするので実用的でない。ノイズ抑制シートは、薄膜積層磁性体と同じ原理で、表皮深さ程度の厚さと極めて大きなアスペクト比を持つ偏平状の金属磁性粉末を一様に配向・配列させ、各々の粉末の間を高分子材料などの誘電体で電気的に隔離した構造を有する。それによって、このシートは高周波領域に大きな磁気損失をもつと共に、複合構造に由来する大きな電気抵抗と加工容易性を有するので、不要輻射の要因となる高周波電流の伝播経路の近傍に装着することで、二次輻射や信号品質

劣化のような副次的な作用を伴うことなく不要輻射を効果的に抑制できる。

2．ノイズ抑制シートの特長

ノイズ抑制シートは、プリント配線板や機器筐体に貼るだけで効果を発揮できるように、次に述べる2つの要件を満たすように設計されている[3]。1つめは、対策に伴う副次的な作用が少ないことであり、2つめは実装自在なことである。

1つめの副作用が少ないこととは、ノイズ抑制シートを装着したときに、別の回路や新たな周波数領域での不要輻射の発生（反射の増加）や、SN比、エラーレートの劣化（信号の減衰）等を引き起こさないことである。そのためノイズ抑制シートでは吸収型で切れの良いローパスフィルタ特性が得られるように、材料と複合構造の各々に工夫がなされている。図1に、ノイズ抑制シートを配線基板上に装着したときの信号（ノイズ）伝送の変化を模式的に示す。ノイズ抑制シート装着による二次障害を防ぐために、シートを伝送線路に装着した状態で①反射損失S_{11}が十分小さいこと、および②透過特性S_{21}が高周波領域で急激に増大することが設計の指針となっており、多くのノイズ抑制シートは、小さなS_{11}を得るための大きな電気抵抗と、高周波領域で急峻なS_{21}の立ち上がりをもたらす立ち上がりの良い磁気共鳴を有している。

2つめの要件である実装自在性については、加工や装着の容易さを実現するためのシートの可とう性のような熱機械的な特性に加えて、磁気的な理由に基づく工夫もなされている。ノイズ抑制シートは配線基板の一部分に貼り付ける

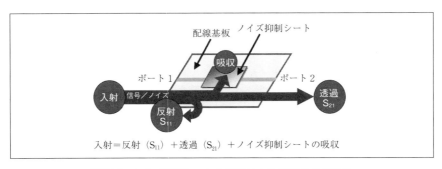

〔図1〕ノイズ抑制シートの装着による伝送特性の変化

形で用いられることが多いが、これを磁気回路として眺めれば開磁路である。通常バルクのスピネル型フェライトのような磁気的に等方性の材料で磁気回路を構成する際は、透磁率（μ）すなわち磁束の通しやすさを確保するために閉磁路にする。この理由は、バルク状の材料で磁路を構成すると（図2(a)）、磁束が通る方向に対して形状に依存する反磁界（磁路方向の反磁界係数$N_d(x)$と飽和磁化M_sの積$N_d(x)\cdot M_s$という逆向きの磁界）が働くために磁路方向の実効的な透磁率（μ_e）が桁違いに小さくなってしまう（すなわち磁束が通りにくくなる）のを防ぐためである（開磁路での磁性体の実効透磁率μ_eは、$\mu_e \fallingdotseq 1/N_d(x)$で示され、材料固有の初透磁率$\mu_i$には無関係に磁路方向の反磁界係数$N_d(x)$によって決まる）。ところが、ノイズ抑制シートでは、シートに用いる磁性粉末やシートの形状に由来する磁路方向の反磁界が非常に小さいので（図2(b)、(c)）、開磁路で使っても実効的な透磁率（μ_e）の低下が少なく、切って貼るだけという簡便な作業、すなわち開磁路で対策できるという優れた特長がある。

以上述べた2つの要件を満足するために、ノイズ抑制シートは、一般的に次のような材料と構造からなっている。ノイズ抑制シートは、図3に示した断面構造を有していて、図中に白く見えるのが偏平状の軟磁性金属粉末で、黒く見える粉末の隙間部分はエラストマーと空隙である。ノイズ抑制シートの性能を決定付ける高周波磁気損失特性や電気抵抗は、軟磁性金属粉末の合金組成や形

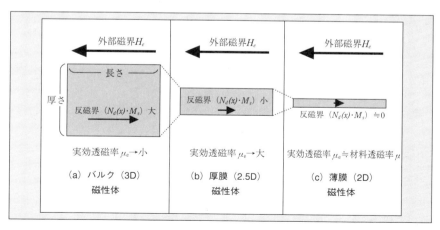

〔図2〕磁性体の形状と反磁界$N_d(x)\cdot M_s$および実効透磁率μ_eの関係

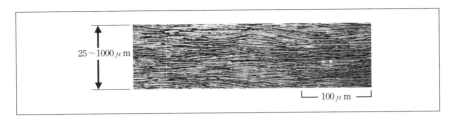

〔図3〕ノイズ抑制シートの断面写真

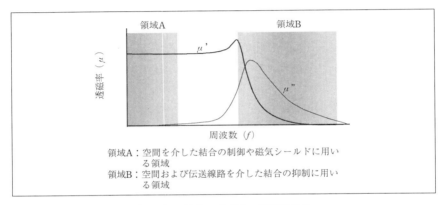

領域A：空間を介した結合の制御や磁気シールドに用いる領域
領域B：空間および伝送線路を介した結合の抑制に用いる領域

〔図4〕磁性体の透磁率の周波数分散

状に強く依存する。市販されているノイズ抑制シートでは軟磁性粉末や複合構造に様々な工夫がなされており、ノイズの周波数分布や必要な抑圧量に見合った種類や厚さの選択ができる。

3．ノイズ抑制シートの作用と性能評価法

　高密度実装された電子回路、機器において生じる高周波電磁干渉は、部品や回路どうしが空間を介して結合する場合と、伝送線路を介して結合する場合に分けられる。図4にノイズ抑制シートの透磁率分散特性を模式的に示した。ここで磁気共鳴が始まる前の透磁率虚部μ''が小さい周波数範囲を領域A、透磁率虚部μ''が大きい周波数範囲を領域Bとする。磁性体単層からなる一般的なノイズ抑制シートの装着によって期待できる効果は、空間を介する誘導的な結合に対する透磁率μ'、μ''（領域Aおよび領域B）による減結合と、伝送線路を介する結

合に対する透磁率虚部μ''（領域B）と渦電流損失（電気抵抗ρ）による伝送減衰である。そこで、ノイズ抑制シートを装着したときに期待できる効果の目安を得るための計測方法について、原因系である電磁干渉を内部結合、相互結合および伝送減衰の3つに大別し、これに遠方界での伝送減結合効果の計測を加え、以下に示す(1)～(4)の4つの測定方法が提案、規定された。

計測方法の標準化作業は、国際電気標準会議（IEC：International Electrotechnical Commission）のTC51国内委員会を中心に進められ、2006年5月に「Noise Suppression Sheet for Digital Devices and Equipment」と題した国際標準が刊行された。この規格は、「用語の定義」（IEC 62333-1：Terms and definitions）と、「測定法」（IEC 62333-2：Measurement methods）から構成されている[4]。

(1) 内部減結合率（Intra-decoupling ratio）：R_{da}

2つの伝送線路間や同じプリント配線板内に実装された2つの部品間で生じる空間的な結合に対し、ノイズ抑制シートを伝送線路に対して平行に装着することにより得られる減衰の割合である。

(2) 相互減結合率（Inter-decoupling ratio）：R_{de}

2つの伝送線路、プリント配線板間、あるいは2つの部品間で生じる空間的な結合に対し、シートを両者の間隙に装着することにより得られる減衰の割合である。

(3) 伝送減衰率（Transmission attenuation power ratio）：R_{tp}

伝送線路を伝播する伝導信号／ノイズに対し、シートを伝送線路に装着して得られる単位線路長あたりの減衰量である。

(4) 輻射抑制率（Radiation suppression ratio）：R_{rs}

回路基板から放射される輻射ノイズに対し、シートを装着することで得られる抑制量である。この測定は、通常のEMI計測と同様の10m法や3m法による遠方界測定である。

3－1　内部減結合率（Intra-decoupling ratio）R_{da}

内部減結合率R_{da}の測定には、1組のマイクロループアンテナを用いる。これらのアンテナ間の結合率が、ノイズ抑制シートの装着によってどのように変化するかを測定する。マイクロループアンテナとノイズ抑制シートの配置を図5に示す。シート試料を装着する前の2つのアンテナの結合率については、6GHz

帯まで20dB/decadeの周波数特性が要求される。図5に示すように、結合率を測定するための2つのループアンテナは、測定試料ノイズ抑制シートの片側にループ面を平行にした状態で並べ置かれ、2つのアンテナ中心からの距離は6mmで、ノイズ抑制シートとアンテナ外導体との距離は3mmに規定されている。試料形状は50mm×50mmである。内部減結合率R_{da}は、シートを配する前の透過SパラメータをS_{21R}とし、シートを配置した場合の透過SパラメータをS_{21M}としたとき、次式より求まる。

$$R_{da}=S_{21R}-S_{21M}\ [\mathrm{dB}] \quad\quad\quad\quad\quad\quad\quad\quad\quad\quad\quad\quad\quad\quad (1)$$

3－2　相互減結合率（Inter-decoupling ratio）R_{de}

この測定は内部減結合率R_{da}の測定で用いた1組のマイクロループアンテナの配置を図6に示す構成に変えて測定する。この図に示すように、結合率を測定するための2つのループアンテナの間に、ノイズ抑制シート試料が配置される。2つのアンテナ中心からの距離は6mmであり、この値は内部減結合率測定時と変わらないが、ノイズ抑制シートとアンテナ端との距離はノイズ抑制シートの

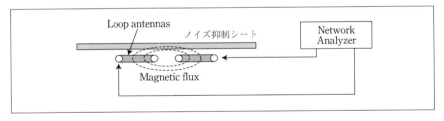

〔図5〕R_{da}測定時のループアンテナとノイズ抑制シートの配置

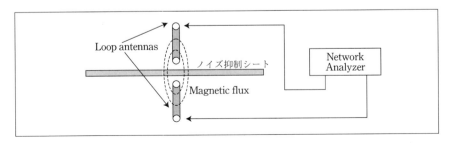

〔図6〕R_{de}測定時のループアンテナとノイズ抑制シートの配置

厚みによって変化することになる。試料形状は50mm×50mmである。相互減結合率R_{de}の測定には、内部減結合率R_{da}と同じスペックの微小ループアンテナを用いるが、R_{de}測定の場合には、シート試料は2つのアンテナの間に配置される。相互減結合率R_{de}は、シートを配する前の透過SパラメータをS_{21R}とし、シートを図のように入れた場合の透過SパラメータをS_{21M}とすると、内部減結合率と同じ形の(2)式より求まる。

$$R_{de}=S_{21R}-S_{21M} \; [\mathrm{dB}] \quad\cdots\cdots(2)$$

3－3　伝送減衰率（Transmission attenuation power ratio）R_{tp}

伝送減衰率R_{tp}の測定には、図7に示す構成のストリップライン冶具を用いる。基板表面の中央に50Ωのストリップラインが設けられ、裏面全面に地導体(Ground plane)が設けられた厚さ1.6mmのテフロン配線板を用いる。図7に点線で示すように、ノイズ抑制シート試料をマイクロストリップ導体を覆い隠すように装着し、シート試料を装着する前後のSパラメータの変化をネットワークアナライザで測定する。シート試料の大きさは、図7の冶具基板の大きさ(100mm×50mm)以上であれば良い。試料のストリップライン冶具への装着は、ノイズ抑制シートが接着層を有しているものもあれば、接着層を介した状態で装着すれば良い。ノイズ抑制シート試料が接着機能を持たない場合には、スト

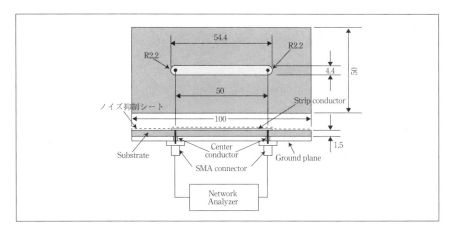

〔図7〕伝送減衰率R_{tp}の測定に用いるテストフィクスチャ

リップライン冶具との間に必要以上の空間が生じないよう、何らかの固着手段が必要となるが、IEC規格では、1つの方法として25μmのPETフィルムを介在させてノイズ抑制シートを配し、これに300g〜500gの荷重を加える測定法を推奨しており、10mm以上の厚みのスチレンフォーム板を介して試料を加重することとなっている。伝送減衰率R_{tp}は(3)式で計算され、ここでS_{21M}、S_{11M}はそれぞれ、ノイズ抑制シート試料を上記冶具に装着した場合のSパラメータS_{12}、S_{11}である。

$$R_{tp} = -10 \log\{10^{S21M/10}/(1-10^{S11M/10})\} \quad [\text{dB}] \quad\quad\quad\quad\quad\quad\quad (3)$$

ノイズ抑制シートを用いた伝導ノイズの抑制は、配線板にパターニングされた伝送線路上に粘着層を介して貼り付けるやり方が一般的であって、伝送減衰率R_{tp}とノイズ抑制シートの電磁特性との間に次の関係が成り立つ[5]。

$$R_{tp} \propto M \cdot \mu'' \cdot f \cdot \delta \quad\quad\quad\quad\quad\quad\quad\quad\quad\quad\quad\quad\quad (4)$$

ここで、Mは伝送線路に流れる電流により生じる高周波磁束とノイズ抑制シートとの結合係数、δは高周波電流によって磁化された深さで、磁性体の厚さに相当する。(4)式の結合係数Mには伝送線路とノイズ抑制シート間に入る粘着テープのような隙間の影響が含まれ、伝送線路に流れるノイズ電流が微弱な場合にはMもδも小さくなるのでノイズ抑制効果が低下してしまう。したがって、ノイズ抑制シートを実装する際には、薄い粘着テープの採用や、密着しやすい形状への加工などの工夫が重要となる。また、(4)式より透磁率虚部μ''と磁化深さδの積であるパーミアンス虚部（$\mu'' \cdot \delta$）も、電流抑制能を大きく左右する重要な要素である。小型の電子機器では、ノイズ抑制シートを実装する隙間の確保が難しい。このような場合にはできるだけ大きな透磁率虚部μ''を有するノイズ抑制シートを選択し、薄くても所望の伝送減衰率が得られるようにする。なお、(4)式よりR_{tp}がノイズ抑制シートの透磁率虚部μ''の周波数分散を強く反映した周波数特性を持つことが理解できるが、シートの厚さに対してそのサイズがあまり大きくない場合は、シート面内方向の反磁界によりμ''が低下すると共にμ''の分散が高周波側にシフトするので、ノイズ抑制シートを周波数特性から選ぶ際には形状の影響を考慮する必要がある。

3—4　輻射抑制率（Radiation suppression ratio）R_{rs}

輻射抑制率R_{rs}の測定には、図7に示した伝送減衰率R_{tp}の測定に用いる治具と同じストリップライン治具を用いる。この測定では、ストリップラインとコネクタ間での伝送モード変換に伴って生じる微小な輻射を利用し、ノイズ抑制シートの装着による輻射の変化を遠方（3m法ないし10m法）で測定する。図7のR_{tp}測定の場合との相違点は、ノイズ抑制シート試料の形状とその装着方法である。試料形状はストリップライン幅と同じ幅の短冊状とし、中央のストリップラインの真上に重ねて装着される。図8に、電波暗室で輻射抑制率R_{rp}を測定する際の治具のセットアップを示した。この計測はCISPR 22に準ずるが、図8に示したように治具の基板面が電波伝播の方向に対して垂直方向となるようにセットアップし、ストリップラインの長手方向が水平になるように配置する。受信アンテナで水平偏波を検出し、CISPR 22に従いpeak-hold functionを用いて測定する。輻射抑制率R_{rs}は、試料がないときの測定電力をP_0、試料を装着したときの測定電力をP_1としたとき、(5)式より求まる。

$$R_{rs} = -10 \log (P_1/P_0) \quad \cdots (5)$$

4．ノイズ抑制シートの種類と特徴および使い方

ここでは、ノイズ抑制シートについて、透磁率特性とシート層構造の双方から分類した上で、各種シートの特徴と使い方を説明する。

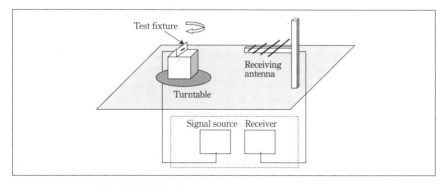

〔図8〕輻射抑制率測定時のテストフィクスチャの配置

4—1 透磁率特性による分類

ノイズ抑制シートは、磁性体の磁気損失を利用して電磁干渉を抑制するものであるので、損失項である透磁率虚部μ''の大きさや、その周波数分散特性が抑制能を大きく左右する。図9に、代表的なノイズ抑制シートの透磁率の周波数特性を示す。透磁率虚部μ''の大きさと、その周波数分散領域の目安を与える磁気共鳴周波数f_rとの間には密接な関係があり、シートの飽和磁化M_sが一定である場合にはμ''と磁気共鳴周波数f_rとの積$\mu'' \cdot f_r$が一定となる。ノイズ抑制シートの抑制能は3—3節の(4)式で示したとおりμ''の大きさに強く依存するが、ノイズフィルタとしての周波数特性は周波数分散したμ''と周波数fの積で与えられるので、ノイズ抑制シートの選択は、信号のカットオフ周波数を考慮して透磁率分散特性からの選択を優先し、所望のパーミアンス(μ''とシート厚さδの積)が得られる厚さを選べばよい。

4—2 シート層構造による分類

ノイズ抑制シートは、磁性体シートのみからなる単層のものと、磁性体シートに導電体シートを組み合わせた多層のものに分けられる。

4—2—1 単層シート

現在入手できるノイズ抑制シートのほとんどが磁性体単層からなるシートで

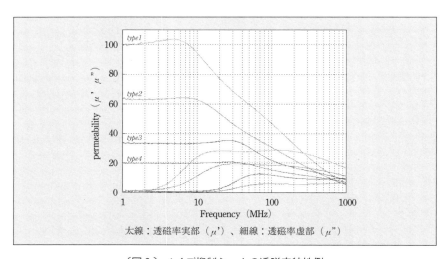

太線：透磁率実部(μ')、細線：透磁率虚部(μ'')

〔図9〕ノイズ抑制シートの透磁率特性例

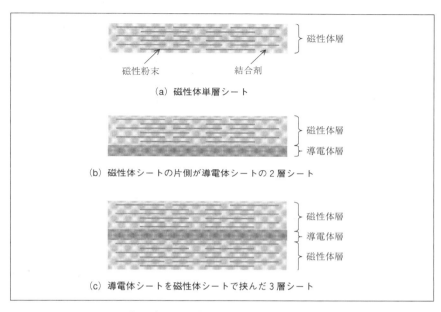

〔図10〕ノイズ抑制シートの断面模式図

ある（図10(a)）。単層シートの多くは、数MΩ·cm以上の値の電気抵抗率とシート面内方向に大きな磁気損失とを有している反面、シート厚さ方向の透磁率（μ'、μ''）は、磁性層を構成する磁性粉末および二次元的なシート状の外形に由来する反磁界のために非常に小さい。したがって、シート厚さ方向に対する抑制能の指標である3—2節の相互減結合率、つまりノイズ源とそれに対向する部品間での抑制能はあまり大きくない。一方、3—1節の内部減結合、つまりノイズ源と同じ面にある部品間での誘導結合の制御や、3—3節の伝送減衰のように、シート面内方向の透磁率を利用する使い方では高い効果が期待できる。すなわち、ノイズ抑制シートを伝送線路に装着すると、磁気損失項である透磁率虚部μ''の周波数分散によって、線路に周波数依存性を持つ等価的な抵抗を付与できるので、高周波のノイズ成分を周波数領域分離、吸収（熱変換）できる。

4—2—2 多層シート

薄い導電体シートの片側（図10(b)）あるいは両側（図10(c)）に磁性体シー

トを密着させた構造の多層シートは、空間を介して生じる電磁干渉の抑制に主に使われる。導電体シートには、銅箔やアルミ箔などの金属箔や、グラファイトや導電性カーボンブラックのような導電性の微粉末をポリマー中に分散させたカーボン系複合シートなどが用いられる。これら導電体シートの電気抵抗率は概ね$10\Omega\cdot cm$以下であり、多層シートの電磁干渉抑制効果は導電体シートの電気抵抗率の値に大きく左右される。金属箔の抑制効果を箔単体で測ると、3―2節の相互減結合率R_{de}が大きな減衰を示す半面、3―2節の内部減結合率R_{da}はシートがない場合よりも悪化する。つまり、シートを挟んで対向する側の結合は弱まるが、ノイズ源と同じ側の結合が強くなってしまう[1,6]。この傾向は導電性シートの電気抵抗率が小さいほど顕著になるので、内部減結合率R_{da}を重視する用途には、電気抵抗があまり小さくないカーボン系シートが適している。導電体シートによる内部減結合率R_{da}の劣化を抑えつつ相互減結合率R_{de}を確保するために、導電体シートの片側ないしは両側に磁性体シートを配したのが多層のノイズ抑制シートである。すなわち、導電体シートに磁性体シートを重ねることで、磁性体シートの持つ相互減結合率(R_{de})による反射の抑制に加えて、導電体シートに流れる高周波電流に対して3―3節の伝送減衰率(R_{tp})で導電体シートからの再輻射を抑制する。したがって多層のノイズ抑制シートは、内部減結合率R_{da}を悪化させずに相互減結合率R_{de}を必要とする近傍でのシールド用途に適している。多層シートを用いる際に、導電体シートを接地する必要はないが(内部減結合率R_{da}、相互減結合率R_{de}共に導体を接地せずに測定した値として規定されている)、接地が有効なケースもある。図10(b)に示した2層シートを使う際は、磁性体シートの側をノイズ源に向けて(内部減結合率R_{da}を確保したい側に)配置する。

　なお、多層のノイズ抑制シートを伝送線路の直上に装着すると、導体層によるスタブ効果で反射損が大きくなるので副次的な作用を伴う危険があるが、薄いシートで大きな透過減衰を得たい場合に有効であり、また磁気共鳴損失が消失する周波数よりもさらに高い周波数領域で減衰を得たい場合には、導体層の渦電流損失が働くので効果が期待できる。

5．ノイズ抑制シートの諸特性

　ノイズ抑制シートの機能は高周波電磁干渉の抑制であり、抑制効果の計測方法については「3．ノイズ抑制シートの作用と性能評価法」に示したとおりIEC 62333-2に規定されている。しかしながらノイズ抑制シートの選択にあたっては、「2．ノイズ抑制シートの特長」で述べた実装容易性や副次的な作用の程度、および信頼性に影響を及ぼす透磁率特性以外の電磁気的な特性や熱的・機械的な特性も重要となる。IEC規格62333-1（terms and definitions）では、ノイズ抑制シートの選定に必要性が高いと想定される電磁気的および熱的・機械的特性項目が明記されており[4]、これを参照いただきたい。ここに記載されている諸特性に関する測定方法についてはIEC 62333の別Partとして標準化される見込みである。

6．ノイズ抑制シートの応用部品

　ノイズ抑制シートは、その名のとおりシート状ゆえに複雑な形状の対策対象物やわずかな隙間への装着が実現できており、また「2．ノイズ抑制シートの特長」で述べたようにノイズ抑制効果に対しても都合の良い形状である。すなわち、シートを所望の大きさに切って、対策が必要な箇所に貼るという容易な実装性から、機器のEMC設計段階での類推、事前対策が難しい複雑な電磁干渉の抑制に利用されることが多い。一方、ノイズ抑制シートの持つ高周波ノイズ抑制効果や副次的な作用の少なさに着目して、初期の段階からシートの利用を前提に設計を進める場合も少なくない。このように、ノイズ抑制シートをEMC設計にはじめから組み入れると、シートを特定の部品と組み合わせたさまざまなノイズ対策部品ができ上がる。その一例が、ノイズ抑制シートで覆われた同軸ケーブル（図11）[7]や、LANケーブルのようなケーブル類である。図11の同軸ケーブルは、厚さ50μmで幅が3mmのノイズ抑制シートのリボンを同軸ケーブルのシールド外皮にバイアス巻きされたもので、シートが薄いため巻き太りはわずかで柔軟性も損なわれていない。図12および図13の各々に、図11に示した750mm長さの同軸ケーブルの伝送特性と輻射特性を示した。

　また、ノイズ抑制シートの素材をシート以外のバルキーな成形物に応用する開発も行われていて、プラスチックの機構部品に展開した事例もみられる。し

かしながら、反磁界による透磁率の低下や、素材の比重が大きいことによる重量増などバルキーな形状に由来する問題があるために、普及には至っていない。

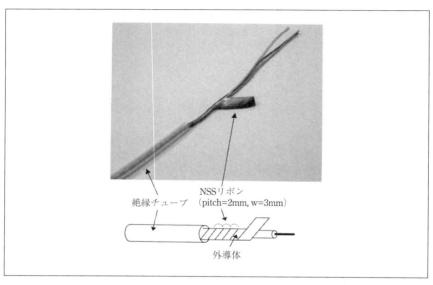

〔図11〕ノイズ抑制シートがバイアス巻きされたケーブル類

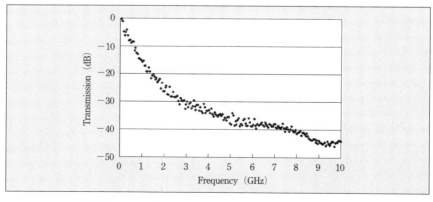

〔図12〕ノイズ抑制シートを巻いた同軸ケーブルの伝送特性

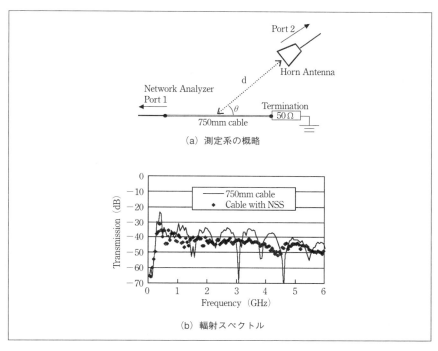

〔図13〕ノイズ抑制シートを巻いた同軸ケーブルの輻射特性

7．将来展望

　増加の一途をたどっている複雑な電磁干渉に伴う輻射ノイズの発生や信号品質の劣化への対応がますます重要になっており、今や高周波電磁干渉の解決なくして設計どおりの動作品質が望めない状況にある。最近では、半導体素子や多層のプリント配線板内部のような素子内部での電磁干渉障害の発生が問題視されている。これらのノイズ抑制シートが装着できない領域で生じる電磁干渉に対応できる数ミクロン程度の厚さの磁性材料として、フェライトめっき膜（図14）[8] やナノグラニュラー薄膜[9] が注目されている。フェライトめっき膜は、バインダなどの非磁性介在物を含まない新しい薄膜磁性体で、高い電気抵抗と共鳴型の大きな磁気損失を有し$3\mu m$程度の厚さで実用レベルの伝送減衰率を示す（図15）[10]。また、プリント配線板をはじめ様々な電子部品に直接成膜できるので、多層配線板の内層のようなノイズ抑制シートでの対策が不可能な

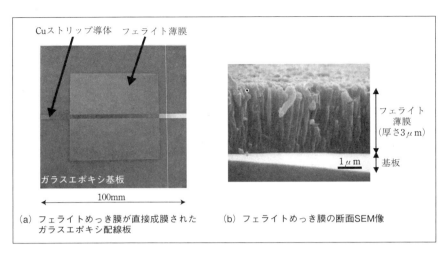

〔図14〕フェライトめっき膜

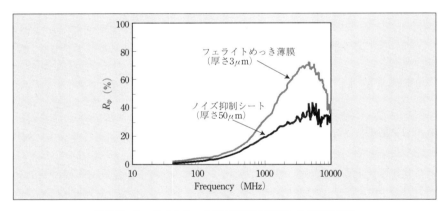

〔図15〕フェライトめっき膜の伝送減衰率R_{tp}の周波数特性

領域に適用し有効性を認めた例もある[11,12]。

 以上、ノイズ抑制シートの特徴、分類、評価方法、応用部品、および次世代の素材について説明した。実際の装置、回路で起こりうる様々なノイズ障害を想定した細やかな指針を示すにはとても至らなかったが、ノイズ抑制シートのおおよその性質を理解した上で、適切なシートを選択して装着し、シート近傍の電磁界分布と輻射スペクトルの変化を調べることで、高周波電磁障害の改善

が進むものと期待している。

謝辞

　ノイズ抑制シートの評価方法に関するIEC規格の作成にあたり、日頃より激励、ご支援下さいます平塚信之 IEC-TC51委員長（埼玉大学）、三井正 TC51国際幹事（TDK）および有馬和雄 様（JEITA）に感謝致します。同規格はTC51-WG10のメンバーによる様々な実験と活発な議論によりでき上がったものであり、WG10メンバーの皆様に深謝致します。また、高周波対応のアンテナ設計について有益なアドバイスを下さいました東北大学の山口正洋教授に感謝致します。

参考文献

1 ）M. Sato, S. Yoshida, E. Sugawara and Y. Shimada : J. Magn. Soc. Jpn., 20, 4214, 1996
　　S. Yoshida, M. Sato, and Y. Sato : Abstract s of 1997 EMC Symposium, 4-1-1, 1997
2 ）吉田栄吉：日本応用磁気学会誌，22，10，1353，1998年
　　吉田栄吉：電気学会誌，123，11，733，2003年
3 ）吉田栄吉：東北大学博士論文，12，2002年
4 ）IEC 62333-1 Ed.1, 62333-2 Ed.1 :"Noise suppression sheet for digital devices and equipment", 2006
5 ）吉田栄吉，安藤慎輔，小野裕司，島田寛：日本応用磁気学会誌，26，843，2002年
6 ）粟倉由夫，大沼英生，佐藤光晴：NEC TOKIN Tech. Rev., 31, 102, 2004年
7 ）小野裕司ほか：電子情報通信学会技術研究報告，EMC-J 2000-94，2000年
8 ）阿部正紀：科学と工業，75，8，342，2001年
9 ）S. Yoshida, H. Ono, S. Ando, F. Tsuda, T. Ito, Y. Shimada, M. Yamaguchi, K.I. Arai, S. Ohnuma and T. Masumoto: IEEE Trans. Magn., 37, 2401, 2001
10）K. Kondo, T. Chiba, S. Ando, S. Yoshida, Y. Shimada, T. Nakamura, N. Matsushita, and M. Abe: IEEE Trans. Magn. 39, 3130, 2003
　　K. Kondo, T. Chiba, H. Ono, S. Yoshida, Y. Shimada, N. Matsushita, and M. Abe : J.

Appl. Phys., 93, 7130, 2003
11）吉田栄吉，近藤幸一，久保寺忠：第21回エレクトロニクス実装学会講演大会，講演論文集，15B-10, 133, 2007年
12）吉田栄吉，近藤幸一，小野裕司：月刊EMC，No.232, pp.57-67, 2007年

フレキシブル電波吸収シート

1. はじめに

電子機器の高密度化や高周波化により、ノイズ対策における電波吸収シートの需要は高まってきている。プリント基板上にフェライトビーズやコンデンサなどのノイズ対策部品を搭載するスペースがない場合などには、電波吸収シートで基板を覆い不要輻射を吸収させることもある。しかしこれまで、シート素材の硬さに起因して電波吸収シートを使いたくても使用場所が制限される場合があった。さらにシートの固定方法にも課題があり、電波吸収シートの剥がれ・脱落を嫌う場所への使用も躊躇されていた。

2. フレキシブル電波吸収シートの開発

当社では素材を塩素化ポリエチレンなどの硬質樹脂から液状ポリマーに変更することで、柔軟性の高い電波吸収シートを開発した(写真1は開発したEMSEAL™SFX1)。液状ポリマーはその特性がゴム物性に近く、伸張や圧縮に有利であることからシートとしたときに折り曲げに強い。また、その固定方法も従来の粘着性の接着剤を排し、熱硬化性のヒートシールを接着層とすることで高信頼の接着を可能とした。図1にEMSEAL™SFX1の構造を示す。これらの改善により、ノイズ対策が難しいとされてきた、例えば厚さ9.5mmのウルトラ

〔写真1〕EMSEAL™SFX1

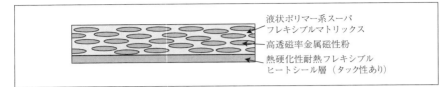

〔図1〕EMSEAL™SFX1の構造

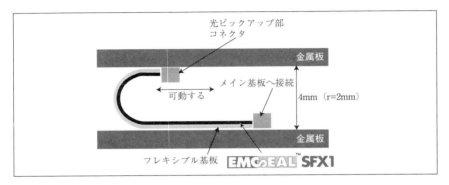

〔図2〕光ピックアップ部の構造

スリムドライブの光ピックアップ部FPCにも使用可能となった。さらに、接着層を含め、耐熱性等の耐環境性能を改善したことで、発熱して高温になっている半導体に直接貼り付けるノイズ対策にも使用することができるようになった。EMSEAL™SFX1は従来の電波吸収シートに、以上のような新しい性能・機能を持たせることで、電波吸収シートの応用範囲を拡大することを目的に開発を進めてきた商品である。

3．フレキシブル性能の評価
3−1　光ピックアップ部に要求される屈曲耐性

　光学ドライブの光ピックアップ部は図2に示すような構造をしており、光ピックアップ部とメイン基板間はFPCやFFCで接続されている。特に薄型のドライブでは、高屈曲性のFPCが採用されている。この高屈曲性FPCは、一般に2枚の金属板にはさまれるように配置され、光ピックアップ部が移動するにつれて、FPCの屈曲部も移動する。このときFPCには圧縮と伸張の応力が加わるこ

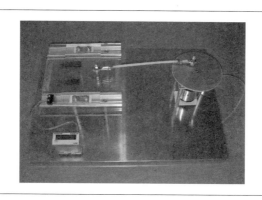

〔写真2〕屈曲治具の外観

とになる。このFPC上に電波吸収シートを貼る場合、電波吸収シート自体も応力に十分耐えられなければならない。現在市場に多く流通している厚さ9.5mmのウルトラスリムドライブの場合、2枚の金属板間は4mmであり、すなわちFPCの曲げ半径は2mmとなっている。シート開発時の目標はこの条件で200万回以上の屈曲に耐えることであった。

3—2　屈曲試験の状況

　このような屈曲試験はIPC-TM-650 2.4.3に規定されている。今回は規格に準拠する形で試験を進めた。規格書に記載されている治具と同様な装置を組み立て、幅12mm、長さ80mmのFPC上にサイズ12mm×60mmのEMSEAL™SFX1を貼り付けて屈曲させて耐性を確認した。写真2は屈曲治具の外観である。この治具にはモータートルクを管理するための電流検出を取り付けている。さて、この治具を使い屈曲耐性を測定した結果を図3に示す。

　約240万回でFPC、電波吸収シート共に外観上変化はなく、屈曲させるモーターの負荷電流にも大きな変化はない。

　さらに市販されているウルトラスリムDVDドライブのFPC部にEMSEAL™SFX1を貼り動作も確認した（写真3）。実際のDVDドライブのFPCに貼って200万回以上の屈曲を行っても破断や粉落ちなどのトラブルは見られなかった。

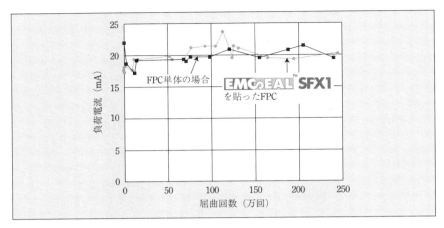

〔図3〕屈曲治具による屈曲回数とモーター負荷電流

〔写真3〕DVD治具

4．電波吸収シートの性能評価

4－1　評価手法

　各社から電波吸収シートが発売されているが、その評価手法は様々である。そのためカタログスペックを比較するときには測定条件や測定方法による偏差を考慮しなくてはならず注意する必要があった。だが2006年5月にノイズ抑制

シートの測定手法の国際規格（IEC 62333）が制定された。まだIEC 62333を採用しているカタログは少ないが、今後増えていく可能性がある。IEC 62333の代表的な測定としてTransmission attenuation power ratio（図4）とInter-decoupling ratio（図5）がある。

4―2　EMSEAL™SFX1の性能評価

今回EMSEAL™SFX1の性能評価はIEC 62333に準拠した方法で行っている（ただし事情により測定サンプルサイズは50mm×50mmとしている）。またInter-decoupling ratioのループアンテナはOne turnタイプを使用している。EMSEAL™SFX1のTransmission attenuation power ratio特性を図6、Inter-decoupling ratio特性を図7に示す。Transmission attenuation power ratioの特徴は周波数が高くなるほど吸収効果が高くなっている。この特性には電波吸収シートをマイクロストリップラインに乗せたことによる空間へのエネルギー放射も含まれるため、必ずしもすべてがシートで吸収された訳ではないが、FPCケーブルなど伝送路上にシートを貼ったときの伝送信号に対する特性を示してい

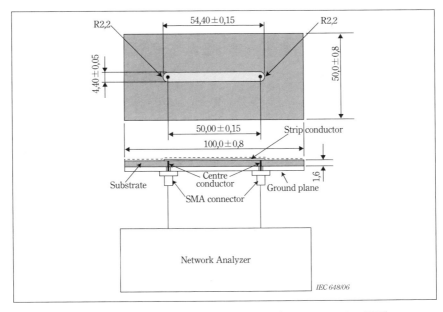

〔図4〕Transmission attenuation power ratio（IEC 62333-2より引用）

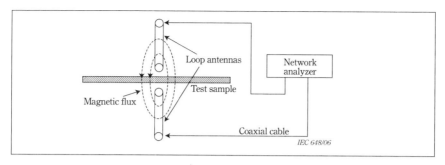

〔図5〕Inter-decoupling ratio（IEC 62333-2より引用）

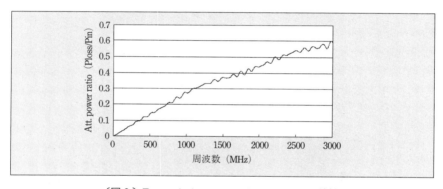

〔図6〕Transmission attenuation power ratio特性

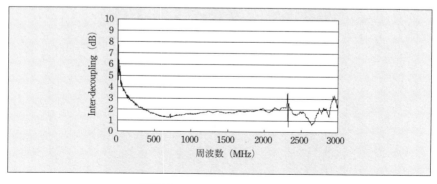

〔図7〕Inter-decoupling ratio特性

る。Inter-decoupling ratio特性は2つのループアンテナ間にシートをはさんだときの信号減衰を表わしている。EMSEAL™SFX1の場合、フレキシブル性能を優先させるためシートが薄くなっており、シートを突き抜ける信号を減衰させる力は数dBと弱い。EMSEAL™SFX1はシールド（遮蔽体）のような使い方ではなく、ケーブルなどの伝送ノイズの吸収に効果があると考えられる。

5．ノイズ対策効果の確認

EMSEAL™SFX1単体で性能評価をすることに比べ、実機にてノイズ対策効果を評価することは難しい（IEC 62333にはRadiation suppression ratioの測定も記載されているが、信号発生器からの輻射などの問題があり当社ではまだ実施していない）。

今回、可動するケーブルがやや長く、ケーブルからの輻射がある回路基板を用いて電波吸収シートによる対策効果を確認した（写真4）。当社電波暗室で3m測定法にて不要輻射（EMI）を測定した。まず、最初にノイズ対策を施さない場合のEMIを図8に示す。次にFFC上にEMSEAL™SFX1を貼り、ケーブル上に流れるノイズを吸収させた場合のEMIを図9に示す。このように輻射源となっているノイズが明らかな場合には、そのノイズを減衰させることでEMIの対策ができる。これまで屈曲・可動するFPC・FFC上に電波吸収シートを貼ることは難しく、ケーブル上でノイズ対策することが困難であった。

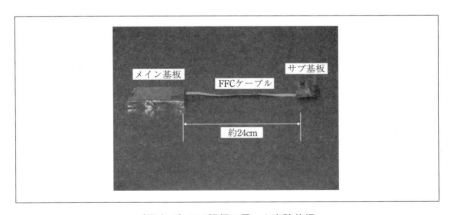

〔写真4〕EMI評価に用いた実験基板

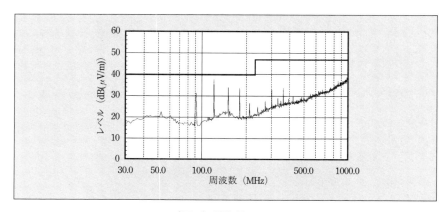

〔図8〕対策前のEMI

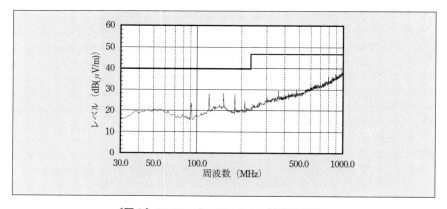

〔図9〕EMSEAL™SFX1による対策後のEMI

EMSEAL™SFX1はこのような場所でも効果的にノイズ対策を行うことを可能にした。

6．まとめ

　柔軟性と高信頼接着性を兼ね備えたEMSEAL™SFX1の開発により、これまでノイズ対策が不可能だった場所でのノイズ対策が可能となった。最近ではさらにノイズ対策市場だけではなく機能性部品としても電波吸収シート市場が拡大している。当社では今後も市場要求にあった電波吸収シートの開発に取り組ん

でいく予定である。

参考文献

1) IEC 62333-2 2006-05 Noise suppression sheet for digital devices and equipment. Part2 : Measuring methods, pp.12, 15

チップフェライトビーズ

1．はじめに

　ノイズ対策部品としてフェライトビーズはもっとも扱いやすく、電源ラインから高速信号ラインまで幅広く使われているノイズ対策部品の一つである。かつてリード付電子部品が主流であった頃は、ビーズ形のフェライトコアにリード線を通しただけの単純な構造であったが、SMD（表面実装部品）が主流になってからは積層形のチップフェライトビーズが多く使われている。用途に応じて様々なラインアップのフェライトビーズが存在するが、部品メーカーのカタログを見ても多種多様のラインアップの中から最適なものを選択するのに迷ってしまうこともある。今回は部品選択の際の指針となる各種フェライトビーズの特長について解説する。

2．フェライトビーズの動作原理

　ビーズ形状のフェライトコアにリード線を貫通させ、そこに電流を流すとフェライトコア内部に磁束が発生する。流れる電流の周波数が高くなるとその電流が流れにくくなるように機能する特性をフェライトは持っており、図1に示すように周波数とともにインピーダンスが大きくなる。この特性を利用して、低い周波数の電流を通し、高い周波数の電流を阻止する素子がフェライトビーズである。同様の機能を持つ素子にインダクタ（コイル）があるが、ノイズ対策用途ではフェライトビーズと呼ばれることが多い。

　近年主流になっているSMD化に対応したチップ形状のフェライトビーズの外観例を図2に示す。

3．フェライトビーズの選定

3—1　対策したいノイズ帯域がGHz帯の場合は横巻き構造を使う

　代表的なチップフェライトビーズの構造は、図3に示すようなフェライト素子の内部を内部電極が縦方向にスパイラル状に通っている構造（縦巻き構造）のものである。スパイラルのターン数を調整したり、使用するフェライト材の

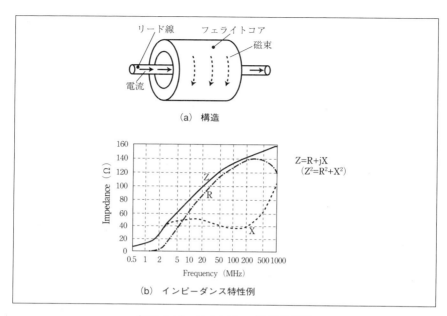

〔図1〕フェライトビーズの動作原理

〔図2〕チップフェライトビーズの外観

材質を変えたりすることで様々なインピーダンス特性のものが存在する。

理想的なフェライトビーズとは、周波数が高くなるほどインピーダンスが大きくなることであるが、現実には浮遊容量の影響により図4に示すようなインピーダンスの周波数特性を持ち、数十MHz～数百MHzをピークにしてそれ以上の周波数ではインピーダンスが大きくならない。

近年はデジタル回路の動作クロック周波数が高くなり、また携帯電話をはじ

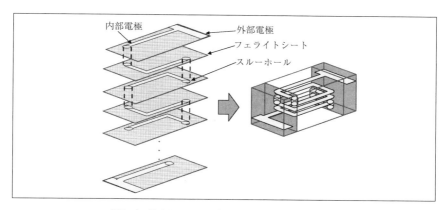

〔図3〕代表的なチップフェライトビーズの構造

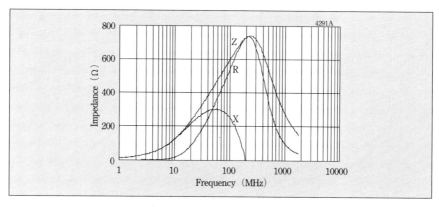

〔図4〕インピーダンス周波数特性（代表例）

めとして1GHz前後の周波数を扱う無線機器も増えてきている。このためGHz帯域でのノイズ対策が必要になることも多い。このような時は高周波特性を改善した横巻きタイプのフェライトビーズを使うと良い。横巻き構造のチップフェライトビーズは図5に示すように浮遊容量の影響を受けにくいので、一般的な縦巻き構造のフェライトビーズよりも高周波特性が優れ、GHz帯域でのインピーダンスが大きいのが特長である。携帯電話の受信感度低下防止対策、PCやデジタルTVなどの動画処理回路のノイズ対策、光通信モジュールや光ピックアップモジュールなど、高周波ノイズが問題となりやすい箇所に横巻き構造のチ

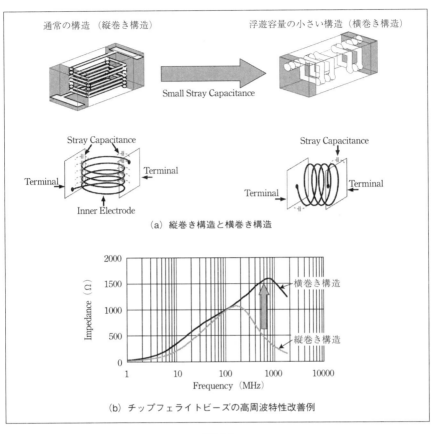

〔図5〕

ップフェライトビーズが適している。

3－2　信号ラインに使う場合は信号を減衰させないように選定する

　フェライトビーズにはインピーダンスのラインアップがあり、一般的にはインピーダンスが大きいほどノイズ対策の効果も大きい。しかしながら信号ラインに用いる場合は肝心の信号まで減衰させてしまわないよう配慮が必要である。ノイズ対策時に実機にて都度部品を載せ替えて最適なインピーダンスを選定することも行われるが、最近は回路シミュレータが普及したためそれを活用してあらかじめシミュレーションして選定でき便利になった。部品メーカーか

らもシミュレーション用の回路モデルがWebサイト上に供給されている。また無償の簡易シミュレーションソフトも入手できるので部品選定の際は活用すると良い。

3－3　高速信号ラインには高速信号用フェライトビーズ

比較的高速な信号ラインの場合は、ノイズ対策として対策すべき周波数と信号周波数が近くなるので信号を減衰させないインピーダンスのものを選定するとノイズ抑制効果が不足する場合が出てくる。その際は高速信号用のフェライトビーズを用いると良い。

高速信号用フェライトビーズは、図6に示すように一般信号用よりも低周波領域のインピーダンスが小さく高周波領域のインピーダンスが大きいので信号を減衰させずにノイズ対策ができる。高速クロックラインのノイズ対策用に特に急峻なインピーダンス特性を持つものもある（図7）。

3－4　電源ライン用フェライトビーズは定格電流に余裕を持って選定

電源ラインのノイズ対策にもフェライトビーズは効果的である。電源用チップフェライトビーズは、フェライト素子内部を通っている内部電極を低抵抗化することで定格電流を大きくしているのが特長である。

基本的には定格電流と部品サイズの許す範囲でインピーダンスの大きいものを選定するが、ここで忘れてはならないのは、電源をONする際に突入電流が入ることがあるのでそれに注意を払うことである。突入電流が入る場合はあら

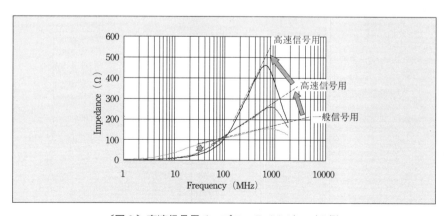

〔図6〕高速信号用チップフェライトビーズの例

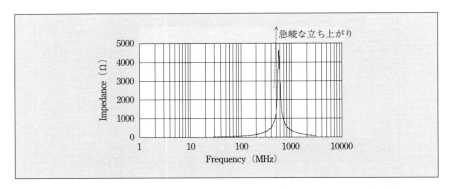

〔図7〕急峻なインピーダンス特性を持つチップフェライトビーズの例

かじめその分マージンを見込んで定格電流の大きいものを選定すべきである。短時間といえども定格電流を超える大電流がフェライトビーズに入ると発熱して最悪の場合は焼損することがあるので特に注意すべきである。USB機器やメモリーカードのように電源を入れたまま接続する機器の場合も突入電流が入ることがある。

　部品の小型化にともなって内部電極が細くなってくると内部電極自身の抵抗が大きくなり電流を流すと発熱が大きくなってしまう。このため小型品は大型品と比べて大電流を流せず、定格電流も小さいのが一般的である。しかしながら内部電極印刷技術の向上と内部電極材料の改善が進み、小型でかつ内部抵抗の小さいチップフェライトビーズのニーズに対応した商品も充実してきた。図8に示すシリーズは外形寸法が1.6×0.8mmサイズであるが、1ランク上の2.0×1.2mmサイズと同様の定格電流を持つ大電流対応チップフェライトビーズである。また、図9に示すような高周波ノイズ対策用の横巻き構造の電源用フェライトビーズもある。

3−5　まとめ

　以上のことを念頭に置けば、対策に用いるフェライトビーズをある程度絞り込むことができる。あとはサイズの制約や実装上の対応可否（一部のフェライトビーズにはリフロー実装には対応してもフロー実装には対応していないものもある）を考慮した上で品質面、サービス面で信頼のおけるメーカーのものを選定するとよい。

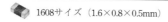

特性・用途	インピーダンス at 100MHz (Ω)	1608サイズでの 定格電流 (A)	2012サイズ相当品での 定格電流 (A)
大電流用	26±25%	6	6
	70±25%	4	3
	120±25%	3	—
	220±25%	2.5	2
	330±25%	1.5	1.5

〔図8〕チップフェライトビーズの大電流対応例

1608サイズ 高周波ノイズ対策用大電流対応チップフェライトビーズ

特性・用途	インピーダンス at 100MHz (Ω)	インピーダンス at 1GHz (Ω)	定格電流 (mA)	直流抵抗 (Ω max.)
GHz帯大電流用	100±25%	140 (Typ.)	2000	0.045
	120±25%	145 (Typ.)	2000	0.04
	220±25%	260 (Typ.)	2000	0.05
	220±25%	300 (Typ.)	1000	0.15
	330±25%	450 (Typ.)	500	0.21
	390±25%	520 (Typ.)	500	0.30
	470±25%	550 (Typ.)	500	0.21
	600±25%	700 (Typ.)	500	0.35
	600±25%	600 (Typ.)	800	0.25
	1000±25%	1000 (Typ.)	600	0.35
	1500±25%	1500 (Typ.)	500	0.50

〔図9〕横巻き構造の電源用チップフェライトビーズの例

4．新たな実装形態に対応したフェライトビーズ

　はんだ付け実装以外に、最近はワイヤーボンディング方式や導電性接着剤実装に対応したチップフェライトビーズもあるので簡単に紹介しておく。

　ワイヤーボンディング対応品（図10）は、回路モジュール内への組込み用途等でニーズがある。

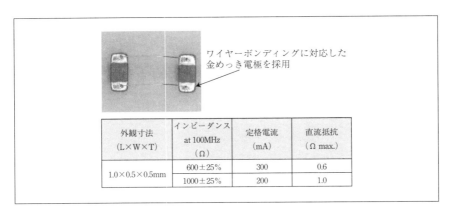

〔図10〕ワイヤーボンディング対応チップフェライトビーズ

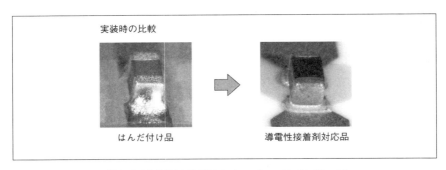

〔図11〕導電性接着剤対応チップフェライトビーズ

　導電性接着剤実装は、自動車のコントロールユニットのような使用環境の厳しい箇所において、はんだ実装よりも実装信頼性の高い実装方法として用いられている（図11）。

5．より一層の小型化対応

　機器の小型高密度実装に対応するために、より一層の小型のチップフェライトビーズが求められるようになってきている。現在の主流は1608サイズ（1.6×0.8mm）や1005サイズ（1.0×0.5mm）であるが、近い将来は0603サイズ（0.6×0.3mm）が主流になると予想される。特に省スペースが要求されるモジュール組込み用途などでは0402サイズ（0.4×0.2mm）も用いられるようになってきて

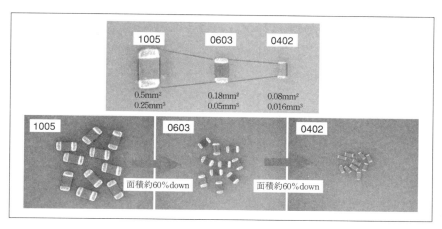

〔図12〕チップフェライトビーズ小型化の取り組み

いる(図12)。

6. むすび

　チップフェライトビーズは今後とも使いやすいノイズ対策部品として幅広く使われていくことが予想されるが、本稿が最適なアイテムの選定に少しでもお役に立てれば幸いである。

小型電源用インダクタ

1. はじめに

　インダクタの用途は、ノイズ対策デカップリング用途、DCDCコンバータのパワーチョーク用途、およびEMI対策用途である（図1）。デカップリング用にはチップインダクタを、パワーチョーク用には小型インダクタが使用される。当社では主にモバイル機器のトレンドにあわせて、小さく高効率なインダクタを提供するために商品開発を行ってきた。これらのインダクタの特徴を述べる。

2. 小型巻線チップインダクタ（LBシリーズ）
2—1　チップインダクタアプリケーション

　携帯電話やディジタルカメラ等のディジタル機器は、ディジタル回路とアナログ回路が混在している。これらの機器は双方の回路ブロックへ影響を与えないようなノイズ対策（デカップリング）が必要である。そのノイズは伝導ノイズと呼ばれ、電源ラインにICが動作したことによる電圧変動ノイズやDCDCコンバータのスイッチングノイズなどである。例として、ディジタル回路のノイズが電源ラインを伝わって、ビデオ回路へ侵入した場合は、映像に障害がでて

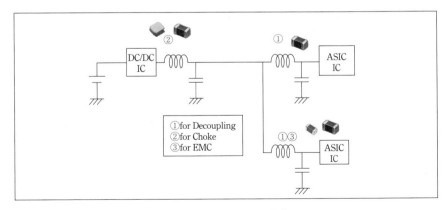

〔図1〕インダクタの用途

しまうことがある。このような電源ラインを伝わってくるノイズを小型巻線インダクタと積層セラミックコンデンサによりLCフィルタを構成し、対策を行う。

2—2 巻線チップインダクタの構造

従来の小型チップインダクタはモールドケースに収まっている構造であったが、小型化を実現するためにLBシリーズは、(1) デッドスペースをなくした小型構造、(2) 低応力のフェライト入りの樹脂の開発を行った。図2のように、同じインダクタンス値、定格電流値において、従来構造のインダクタより1ランクサイズダウンを実現した。たとえば、従来の3225(3.2mm×2.5mm)サイズを2518(2.5mm×1.8mm)サイズのインダクタへ置き換えられる。

(1) デッドスペースをなくした小型構造

小型コアに線材を巻きその周りを磁性粉の入った樹脂で成型し、外部電極を形成している。従来構造はフェライトコアに線材を巻き外部電極用にフレームリードを接続、これらをモールドケースに収めたものである(図3)。

(2) 低応力のフェライト入り樹脂の効果

一般的にフェライトは応力を受けることにより比透磁率(μ)が低下する。したがって応力を受けることによりインダクタンス値の減少が生じる。このことから、製造時にフェライト入り樹脂が乾燥する過程において収縮してフェライトコアに応力を与えてしまっては所望のインダクタンス値が得られなくなる。よって、低応力の樹脂材料を開発したことにより上記問題点を解決するこ

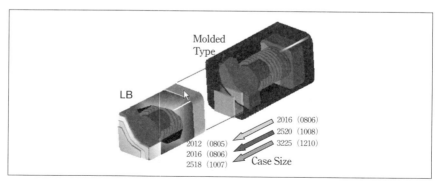

〔図2〕小型化実現

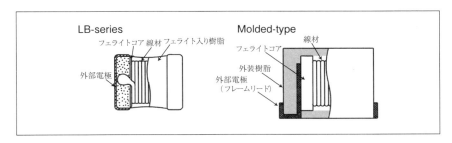

〔図3〕LBシリーズ構造

とができた。また、樹脂の中にフェライトを含有することにより磁気シールド効果とインダクタンス値を稼ぐことができ、構造の単純化、小型化を図ることができる。

この技術は共通の要素となり後述する当社インダクタラインナップに引き継がれている。

2—3 部品選択シミュレーター

フィルタの応用については、LCの2素子を使ったものから、3素子を使うT型、π型が代表的である。ユーザーサポートして当社では部品を選択するだけで、T型とπ型のフィルタが設計できるシミュレーションソフトを配布している。

3. 小型パワーインダクタ（NRシリーズ）

3—1 パワーインダクタと電源回路

携帯機器は特に小型軽量かつ長時間動作することが求められる。機能も多岐にわたり回路ブロック数が増加しているため、複数の高効率スイッチングDCDCコンバータが使用されている。これらの電源回路は低電圧化大電流となっている。加えて省スペースでかつ高性能なインダクタが必要となっている。たとえば携帯電話においては、採用されている小型インダクタのサイズは3mm角を中心にさらに小さいサイズへ移りつつある。

3—2 パワーインダクタの小型化

インダクタは定格電流を確保して形状を小さくすることは難しい。そこで最適なフェライト材料を使用してさらに小型化を図るには、インダクタ構造上の

無駄なスペースを省くことと電気的な損失をなくすことに着目した。この小型パワーインダクタNRシリーズは小型形状でかつ効率が良いものになった。その理由を述べる。

3―3　小型パワーインダクタの構造

よく知られているパワーインダクタの構造は、フェライトコアに線材を巻き外側をスリーブコアがあり、そして外部電極（リードフレーム）で構成されている。NRシリーズは、スリーブコアをなくしてフェライトコアに線材を巻き、その外側に超低応力フェライト入り樹脂により成型している。スリーブ構造のインダクタと比較してさらに小型低背を実現している（図4）。

3―4　電源回路の効率比較による考察

ここで、スリーブタイプインダクタとNRシリーズの2種類の電源回路の効率を比較する。スペックを表1のとおり、形状と電気的特性はほぼ同じものを使用した。

図5のグラフは携帯機器で使用されるDCDCコンバータ用コントロールICにより効率測定を行った結果である。NRシリーズの方が、負荷電流の小さい領域（数mA〜200mA）から最大負荷電流まで効率が良いことがわかる。

図6はインダクタ電流を表わしたものである。インダクタ電流のDC成分とAC成分に分けて考えると、負荷電流が小さいときのほうがAC電流の割合が支配的である。負荷電流が大きいときはインダクタを流れるDC電流の割合が多く

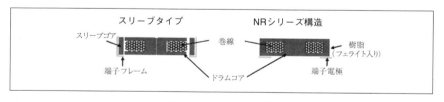

〔図4〕NRシリーズ構造

〔表1〕インダクタスペック比較表

	Inductance μH	Tolerance +/-%	DCR Ω +/-30%	Current mA 1	2
NR4012　　　100M	10	20	0.240	740	740
スリーブタイプ4012　100M	10	20	0.300	800	790

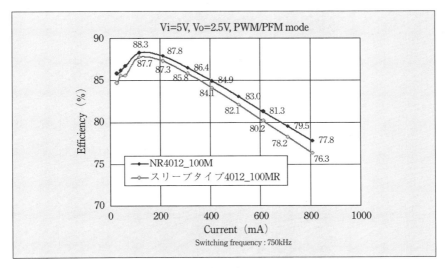

〔図5〕効率比較

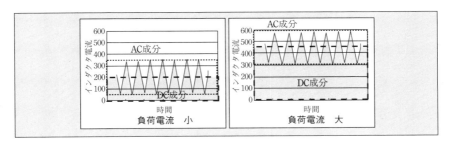

〔図6〕インダクタ電流

なる。

　この場合、AC電流に対する損失分はコイルのインピーダンス特性（図7）のR成分である。ここではR成分をAC損失と呼ぶ。図8は上記で比較した2タイプのインピーダンスのAC損失である。このグラフからスリーブレス構造のNRシリーズのほうが、AC損失が小さいことがわかる。したがって、AC電流成分の割合の大きい軽負荷で効率が良いことがわかる。

　小型携帯機器において軽負荷状態の時間的割合が大きいので、軽負荷においても効率低下は無視できない。

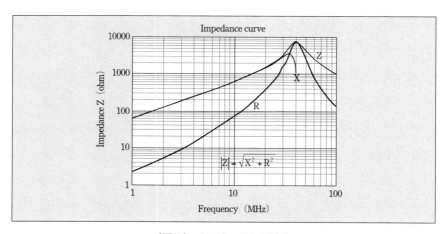

〔図7〕インピーダンス特性

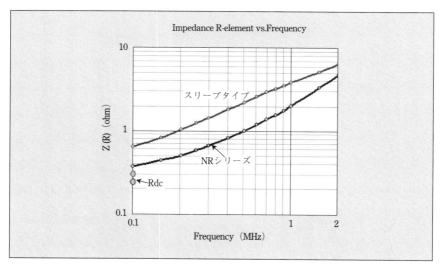

〔図8〕AC損失（R成分）

では、なぜAC損失が少なくなっているのかを考察する。

図9はインダクタ断面を示したものである。線材に電流が流れたときの磁路に注目すると、NRシリーズの磁路はフェライトコア内に形成される。一方スリーブタイプの磁路を見ると、エアーギャップ近傍に外部電極用のリードフレ

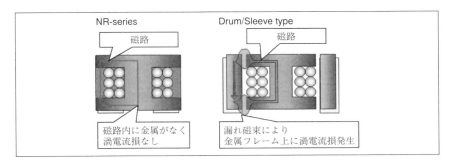

〔図9〕インダクタ断面

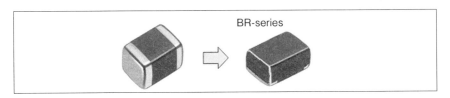

〔図10〕BRシリーズ外観

ームが存在する。エアーギャップからの漏れた磁束はリードフレーム上で渦電流を起こし磁束へ影響を与える。この渦電流がAC損失分となって現われてくる。よって、NRシリーズは渦電流が抑制されるので、AC損失が少ないインダクタと言える。

4．最新インダクタ（BRシリーズ）
4－1　一面外部電極

　小型巻線パワーインダクタBRシリーズはNRシリーズと同様、スペースの無駄を徹底的に排除した構造である。この構造により小型低背タイプを実現した。

　図10は、従来の巻線チップインダクタとBRシリーズの外観である。大きな特長は、外部電極を5面電極から下部一面電極として、損失を低減したことである。従来の5面電極品は外部電極垂直面に渦電流を生じ、損失となる。しかしBRシリーズの場合は渦電流がなく、この分の損失がなくなる（図11）。

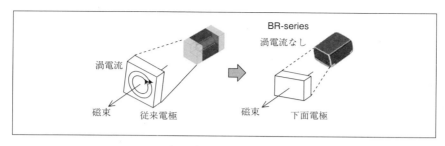

〔図11〕外部電極渦電流

4－2　スイッチング周波数とインダクタンス値

　小型機器のDCDCコンバータのスイッチング周波数は現在2MHz近辺まで上がっている。スイッチング周波数を上げられるとインダクタンス値を下げることができ、小型部品により電源回路が省スペースとなる。

　仮にスイッチング周波数を5MHzまで上げられたとすると、インダクタンス値は$0.56\mu H$と試算できる。BRシリーズでは1608形状で定格電流1.2Aとなり、小型大電流タイプのインダクタで電源を構成できる。

5．最後に

　インダクタの構造はシンプルであるが、性能と小型化を両立することは非常に難易度が高い。その課題は電気的性能、機械的強度、材料特性、そして量産性を満たすことである。今回説明させていただいたインダクタは課題を解決し商品化に至ったものである。今後も機器の小型化および高効率化の要求に応えられる商品を提供していきたい。

信号用コモンモードフィルタによるEMC対策

1．高速インターフェース

　PCのみならず情報家電化が進んでいく中でAV関連機器でもインターネット接続ができるようになり、信号の劣化のないデジタル情報のインターフェースが多く使用されるようになってきている。ここでは、PCや、情報家電といわれる機器で使用が進んできている高速インターフェースについて信号の説明と適切なEMC対策について述べることにする。最初に、汎用の高速インターフェースの例を取り上げながらそれらのシグナルインテグリティとEMCの問題について取り上げる。

1－1　主な高速インターフェース

(1) USB

　PCとその周辺機器（CD-ROM、スキャナ、プリンタ、DSCなど）を接続するのに使われている。

　2000年に策定されたUSB2.0の規格になってからLS（1.5Mbps）、FS（12Mbps）、HS（480Mbps）の3種類の転送スピードが使用可能となり、DSCの写真データなども高速に転送できるようになっている（図1）。最近では、デジタルオーディオ機器などでUSBが標準的に使用されており、PCを通したインターネットからの音楽のダウンロードなどにも使用されている。また、

・PCとその周辺機器を接続するためのインターフェースで、Universal Serial Busの略
・Data+、Data－の差動信号ラインと、電源・GNDラインの計4ラインによって構成される
・転送スピードは3種類
　USB1.1では、LS（Low Speed）：1.5MbpsとFS（Full Speed）：12Mbpsの転送を
　サポートしていたが、2.0では、これらにHS（High Speed）：480Mbpsが加えられた
・接続にはホストになるPCが必要
・HUBを用いてポートの拡張を行い、最大で127のデバイスが利用可能

USBのコネクタ　　　　　　　　　　　　　　USBのレセプタクル

　シリーズA　　　　　シリーズB　　　　　シリーズA　　　　シリーズB

〔図1〕USBとは

携帯電話にもUSBポートが装備されるようになり幅広く使用されており汎用性が高まっている。また、最新規格では3Gbpsを超える転送レートを持つ新規格も検討されている。

(2) IEEE1394

100Mbps～800Mbpsまで実用化されてきており、薄型TV、DVDレコーダ、DVCなどを中心として映像機器関連の標準的なインターフェースとなっている（図2）。

今後、3.2Gbpsまでの高速化のロードマップも策定されており、より高速な通信が可能になると考えられる。特別な場合を除いてHOSTという概念を必要とせず、AV機器どうしの接続でもリモコン等からの簡単な操作でMPEG信号などの高速な転送や録画などが可能となっている。

自動車用として、より信頼性を高めるために400Mbps程度のスピードながらより強固なEMC特性や信号品質確保（エラー検出・訂正）に優れたIDB1394という規格が策定され実用化を待っている。画像データや、HDDの情報伝送用にマルチメディアインターフェースのカーオーディオ機器などに使用が始まっている。

(3) DVI/HDMI

従来使用されていたPCのモニターなどへの画像信号の出力に使用されていたアナログRGBをデジタル化するためのインターフェースとして薄型TVな

- ・PCやその周辺機器、AV機器等を接続するためのインターフェース
- ・TPA、TPBの2組の差動信号ラインと、電源・GNDラインの計6ラインによって構成される（電源・GNDラインを省いた4ピンのコネクタもある）
- ・転送スピードは3種類（S100：100Mbps、S200：200Mbps、S400：400Mbps）ただし、1394.bでは800Mbps～をサポート予定
- ・基本的にはホストPCは不要であり、デバイス同士で接続可能
- ・1つのバスにつき、最大で63のデバイスが利用可能

IEEE1394のコネクタ　　　　　　　　　　IEEE1394のレセプタクル

6ピンタイプ　　　4ピンタイプ　　　　　6ピンタイプ　　4ピンタイプ

〔図2〕 IEEE1394とは

〔表1〕主な高速インターフェースの種類とスピード

◇USB1.1（1.5Mbps/12Mbps）
◇USB2.0（480Mbps）
◇IEEE1394.a（100Mbps/200Mbps/400Mbps）
◇IEEE1394.b（800Mbps～）
◇LVDS（1.12Gbps: UXGA）
◇Mini-LVDS（1.12Gbps?）
◇RSDS（160Mbps?）
◇Serial ATA（1.5Gbps）
◇Serial ATA-II（3.0Gbps）
◇DVI（1.65Gbps: UXGA）
◇HDMI（1.65Gbps: 1080p）
◇PCI Express（2.5Gbps）

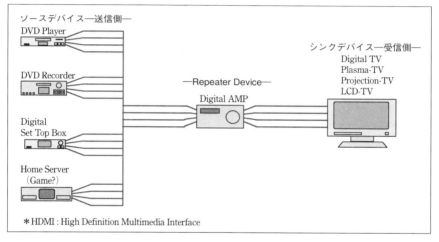

〔図3〕HDMI Interfaceの使用例

どに広く使用されている。

　非圧縮のままデジタル映像信号を高速で転送している。TMDS方式を使用し最高速度は1.65Gbps以上にも達し、伝送に使われる周波数は、基本では850MHzにも達する。DVIは、映像信号のみを伝送している。HDMIは、AV機器を接続するためにDVIの映像信号に加え音声信号も同時に送信でき、著作権保護のためのコピープロテクションも包含している。アメリカでは、デジタルTVへのHDMI端子の装備が義務付けられており、今後急速に普及していくインターフェースと考えられている（図3）。方向性はHOSTから

TARGETへの1方向となっている。

この他にPC内部のバス接続用のPCI-Express、サーバーどうしをつなぐInfinibandなど3Gbpsを超えるような高速なインターフェースも続々発表され実用化されている。配線数を最小化した上でより高速に信号伝送できるインターフェースとして差動伝送方式の採用が増えていくと考えている。

2．差動伝送とは？

いろいろな高速信号伝送の方式が提案、実用化されているが、それらのEMC対策を行う上でこれらのインターフェースで多く使用されている差動伝送方式とはどういうものなのかを見ていくことにする。

単線の信号によるデータ伝送ではなく、位相が180°違う2つの信号を用いた2線式の伝送方式になっている。この伝送方式は平衡伝送とも呼ばれ、通常のシングルエンドの伝送方式と比較して不要輻射が小さく、また他のデバイスからのノイズの影響も受けにくいという特長を持っている。しかし、現実には差動信号のアンバランスによってコモンモードノイズが発生したり、基板上の他の回路からノイズ電流がコネクタを経由して外に漏れたり、ケーブルをアンテナとして輻射されることもある。

差動信号のアンバランスがコモンモードノイズの原因になると述べたが、ここではアンバランスについて具体的に説明していくことにする。図4は理想的な差動伝送と、差動信号間で位相ずれを持った信号波形を示している。2つの信号の和で表わされるコモンモード電圧は、理想的には直線になるが、チャンネル間の対称性が悪い信号の場合には、不平衡成分が生じる。これはスキューと呼ばれている。不平衡成分は、この他にも図5のような立ち上がり・立ち下がり時間のずれや、パルス幅・振幅の違いなどによるアンバランスによっても発生する。また、不平衡成分の振幅が大きいほどコモンモードでの不要輻射は大きくなる。

コモンモードフィルタ（以下、一部表や図ではCMFと示す場合がある）は2チャンネル間のコイルが結合している1：1のトランスの特性を持つ部品である。本来の目的はコモンモード電流の抑制だが、差動信号のアンバランスを補正する効果も併せて持っている。片側のチャンネルに信号が入力されると、も

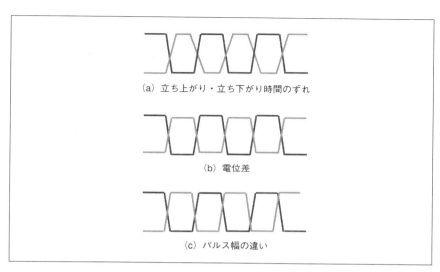

〔図5〕その他考えられるアンバランスの原因

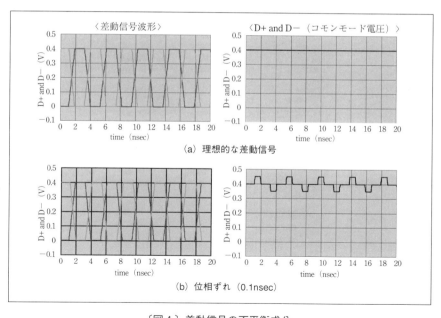

〔図4〕差動信号の不平衡成分

う一方のチャンネルにも同様の信号が誘起され、両ラインのバランスが保たれる。

図6のように2つのチャンネルの入力電圧をV_1、$-V_2$として、その出力電圧をV_1out、$-V_2out$とする。このときの出力電圧は、それぞれのチャンネルを通過する電圧aV_1、$-aV_2$と誘導される電圧$-bV_1$、bV_2の和になる。従って、

$$V_1out = aV_1 + bV_2$$
$$V_2out = -aV_2 - bV_1$$

となる。係数a、bはチャンネル間の結合係数やコモンモードインダクタンス、終端抵抗により決定される係数である。ここで、結合係数:K=1、コモンモードインピーダンス:Zc≫終端抵抗:Z0の場合には、a=b=1/2と等価できるので、

$$V_1out = -V_2out = V_1/2 + V_2/2$$

となり、V_1とV_2が違う値であっても、出力される電圧の絶対値は等しくなる。

図7は、USB2.0のHS(High Speed)モードでの差動信号波形である。コモンモードフィルタを挿入することによって、コモンモード電圧の不平衡成分が補正されていることがわる。これにより、コモンモードでの不要輻射に対する効果が得られる。この結果からも、コモンモードフィルタは差動信号ラインのEMC対策に適した部品であるといえる。

また、コモンモードフィルタのディファレンシャルモードインピーダンスは、

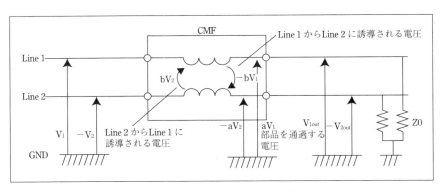

〔図6〕コモンモードフィルタの効果

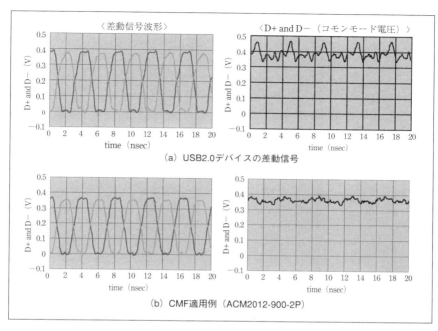

〔図7〕コモンモードフィルタの効果（実測データ）

チャンネル間の磁気結合によって高周波帯域まで低く抑えられており、高速差動信号の波形品位に影響を及ぼす心配はない。結合の高いコモンモードフィルタほど、ディファレンシャルモードインピーダンスが低く、良い部品であるといえる。

3．コモンモードフィルタはどのように差動信号のノイズを抑えるのか？

すでに紹介したように差動伝送方式が多く使われるようになってきているが、より詳細にコモンモードフィルタがどのように差動信号のEMIを低減させているのかについて基礎的な実験の結果を基に紹介していく。

ここでは実験を単純化するために実際のICではなく発信機を用いて正確な信号を使用し実験を行った。差動信号にスキューを与えて差動ラインにコモンモードフィルタを挿入してその効果を確認していくことにする。

ICの出力自体ですでにスキューを持ってしまっていることもあるし、立ち上

がりと立ち下がりの特性のばらつきにより差動信号伝送においてスキューが発生することがある。また、ICからでた差動信号をPCBのパターンや、ケーブルで伝送するときにその長さの違いから受信端に届くまでの距離の違いなどが生じスキューとして観測されてしまうこともある。

　図8は、すでに述べたような一般的に使用されている差動伝送方式の周波数において、PCBのパターンがどれくらいずれるとスキューが発生し得るのかをグラフにしてみたものである。各周波数で、1%のスキューが発生するのに必要な伝送時間を簡単に計算したもので、たとえばDVI/HDMIのように800MHz程度の信号になるとパターンの長さのずれが約2mmくらいで約1%のスキューを起こし得るという結果を示している。さらに、その高調波ではより短い距離のずれでもスキューが起こる。

　図9は、実験に使用した装置と回路図である。発信機からの差動信号をPCB基板で受けて部品を載せるパターンを用意し、100Ωの特性インピーダンスを持つ約1mのシールドケーブルを取り付けて100Ωで終端している。ここでは基本周波数を100MHz、振幅400mVとしてスキューを0%～3%変化させることでその波形、EMIを観測した。差動信号としては、LCDラインなどによく使用されているLVDS方式を想定してみた。

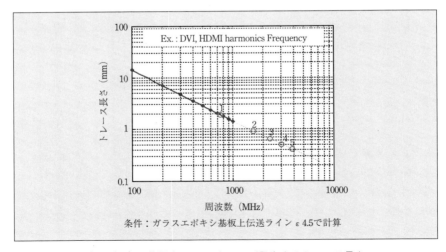

〔図8〕PCB基板上の1%スキューが発生するトレース長さ

図10(a)は、スキューが0％の時の波形である。EMI部品なし（Though）は、ノイズ部品がないときの波形である。ここで使用するコモンモードフィルタは、USB、IEEE1392などのEMI対策によく使用されているコモンモードフィルタである。比較対照として差動信号以外のEMI対策によく使用されているチップビーズを測定してみた。

1段目の波形は差動信号そのものをシングルエンドのプローブで測定した波形である。

2段目の波形は、差動信号を足し算してコモンモード電圧を測定した波形である。ここに電圧が発生すると、それがEMIとして放射ノイズを発生させることになる。

3段目の波形は差動信号の差を求めたもので、この波形が受信端のICの入力として伝送される。

注目するのは2段目のコモンモード電圧である。

図10(b)は、発信機からの差動信号に1％のスキューを与えたときの波形であ

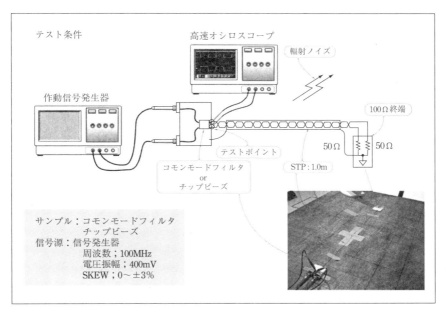

〔図9〕試験に使用したセットアップ

る。少しだが、コモンモード電圧が観測されていることがわかる。ただし、EMI部品なし＞チップビーズ＞コモンモードフィルタの順に電圧の発生が少な

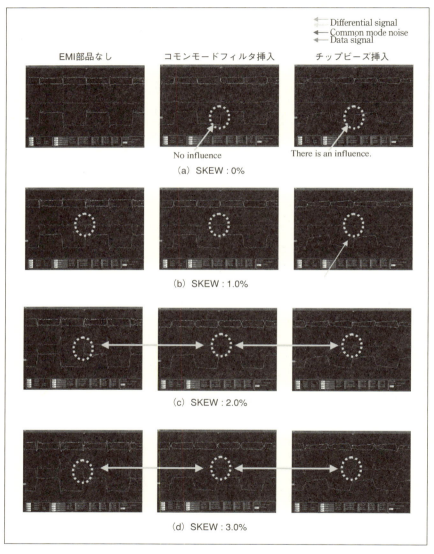

〔図10〕スキューをかけたときの波形データ

くなっており、コモンモードフィルタを挿入したときにはほとんど観測されていないことがわかる。これが、コモンモードフィルタのスキューの補正効果といえる。

図10(c)、図10(d)は、発信機からのスキューを2%、3%と大きくしていったときの波形になるが、コモンモード電圧の発生が、EMI部品なしとチップビーズでは、徐々に上がっていく。しかし、コモンモードフィルタを挿入しているとスキューが補正されてほとんど発生していないことがわかる。また、チップビーズでは、差動信号、受信端での信号の電圧振幅に若干の影響を与え小さくなっていることが観測される。

図11は、このコモンモード電圧の変化をグラフにプロットしたものである。コモンモードフィルタの場合スキューが大きくなってもほと·んどコモンモード電圧の発生がないことがわかる。図12は、3m法の電波暗室内でEMIの放射特性を測定したデータである。コモンモードフィルタが圧倒的にEMI抑制効果があることを示している。

図13は、EMI放射特性を基本波を含めて奇数次の高調波についてグラフにプロットしたものである。

チップビーズの場合基本波の振幅に多少影響を及ぼしているため、0%のときにコモンモードフィルタよりEMIの発生が少し抑えられていることがわかる。コモンモードフィルタは、波形を乱すことなく忠実に伝送しているためEMI部

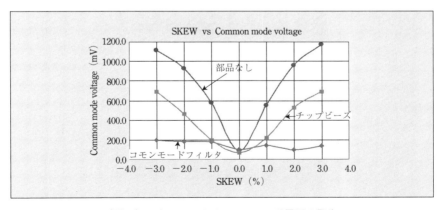

〔図11〕スキューによるコモンモード電圧の発生

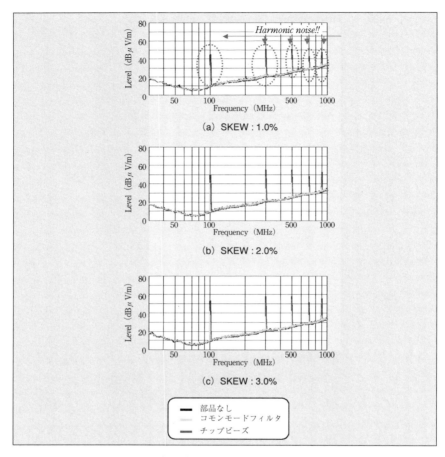

〔図12〕EMI放射の抑制効果

品なしのときより下がっているが、チップビーズのときより少し大きめの放射特性を示している。3次～9次までの放射特性では、コモンモードフィルタがスキューの大きさにかかわらず良好にEMI放射を抑制していることがわかる。

　このようにコモンモードフィルタは、原理的にスキューの補正効果を示しながら、本質的なところでEMIの対策を行っていることが理解される。

　実際のICなどでもこのような効果は期待できるものであり、より高速になっていく差動信号のEMI対策にコモンモードフィルタは、欠かせない大切な部品

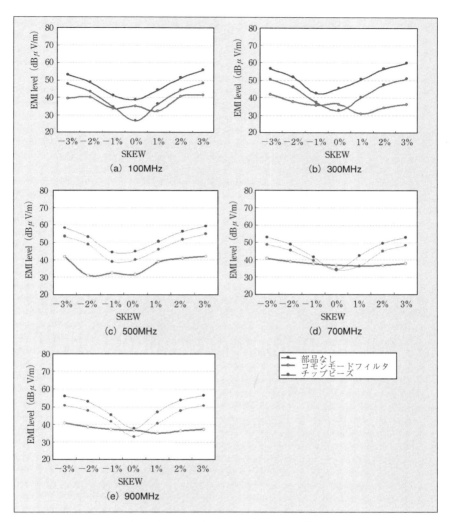

〔図13〕奇数次高調波のEMI放射抑制効果

として注目されている。
　図14、図15に代表的なコモンモードフィルタの例を示す。

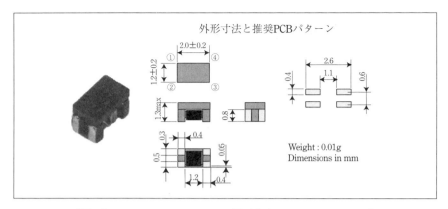

〔図14〕コモンモードフィルタの例（高速インターフェース用）

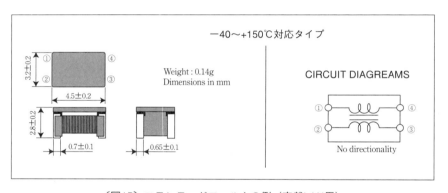

〔図15〕コモンモードフィルタの例（車載LAN用）

4．コモンモードフィルタの適用例

　ここから、具体的なセット（アプリケーション）で使用されているコモンモードフィルタの実装例とその効果について解説していく。

4－1　DVI/HDMIのEMI対策

　DVI（Digital Visual Interface）とHDMI（High Definition Multimedia Interface）では、高速なTMDS（Transition Minimized Differential Signaling）という方式を用いて圧縮なしのHDTV映像信号など大量の情報を送れるように設計されている。

　デジタルTV、PC、DVD、STB、DVDレコーダなどのマルチメディア機器に多く使用されるようになってきている。

方式的には送信側から受信側へ一方的に情報を送るための回路構成となっており、双方向ではない。

スピードは1.6Gbps以上にも達し、基本周波数が800MHz以上に達する。USB、IEEE1394に比べても4〜5倍程度の周波数に達するため、信号品質への要求はより詳細に規定されている（図16）。

項目的には、

◇EYEパターン

◇伝送線路（ケーブルや、PCB上の配線）の特性インピーダンス

などになる。

EMI対策をする上で重要になるのが、より高周波（800MHzの5次〜7次以上）のEMIが発生する場合があり、より高周波でのEMI対策が求められる。

ここでは、DVI/HDMI用に新たに開発されたコモンモードフィルタの特性と信号への影響、EMI低減効果について見ていくことにする。

4−1−1　カットオフ周波数8GHzをクリアしたHDMI用コモンモードフィルタ

TMDS方式の高周波信号に挿入してEMI対策に使用する部品であるが、信号

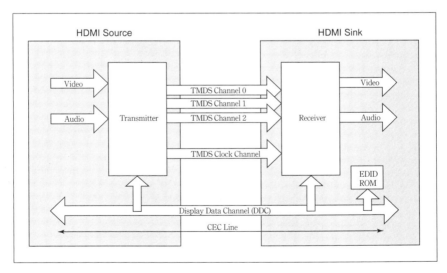

〔図16〕HDMIインターフェースの接続概念図

品質への影響をより強く受けてしまう。そのために必要な特性としてディファレンシャルモードでの挿入損失のカットオフ周波数を6GHz（－3dB）以上にまで伸ばした製品を開発している。現在では8GHzに対応したコモンモードフィルタも製品化されている。それによって高速なTMDS信号をひずみなく伝送することができる。デジタル信号伝送では、最低でも基本波の5倍（5次の高調波）、できれば7倍（7次の高調波）まで伝送することによって伝送時の信号品質を保てることが知られている。新開発のコモンモードフィルタでは、HDMIの最高スピードである約1.6Gbps（約800MHz）の7次にあたる5.6GHzの帯域を十分にカバーする6GHz以上の帯域幅を持ったフィルタを使用することを推奨する（図16～図18）。

4－1－2　EYEパターン

HDMIでは、EYEパターンの規定があり信号にひずみがあると規格値に合格できなくなってしまう。HDMI用コモンモードフィルタでは、6GHz以上の帯域幅を確保することにより余裕を持ってEYEパターンテストに合格することが可能となる。図19に測定条件を、図20に結果を示す。

4－1－3　特性インピーダンスへの対応

HDMIの規格の中にTDR（Time Domain Reflectometry）という特性が規定され

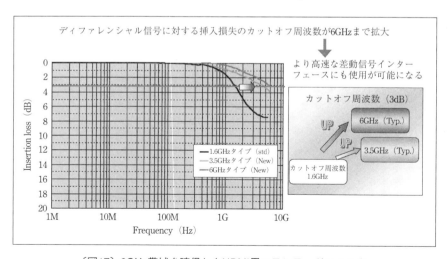

〔図17〕6GHz帯域を確保したHDMI用コモンモードフィルタ

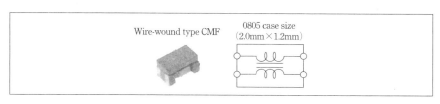

〔図18〕HDMI用コモンモードフィルタ

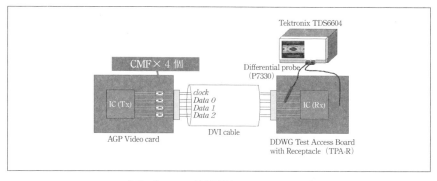

〔図19〕TMDS波形測定のセットアップ

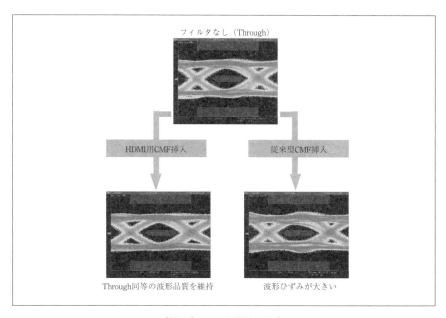

〔図20〕TMDS波形の測定

ている。これは、高速の信号を送るため、伝送線路の特性インピーダンスを規定しているもので、ICを搭載するPCB上のパターン、伝送線路の大部分を占めるケーブル、接続用のコネクタなどに対し100Ω±15Ωと規定されている。TMDS用（あるいは、DVI用、HDMI用）として推奨されていないコモンモードフィルタをEMI対策のためにTMDSラインに不用意に挿入すると、この規定に外れることがある。HDMIの場合、相互接続性を規定しているテスト条件に合格できなくなる（HDMIには相互接続性を保証するためにコンプライアンステストが規定されており、これに合格しないとHDMI機器として認められない）。HDMI用コモンモードフィルタでは、線路間の特性インピーダンスが100Ωに設計されているので安心して挿入することができる（図21）。

4−1−4　EMI測定例

　EMI対策の効果例を図22に示す。1GHz以上の放射EMIに対しても効果があることが確認できる。

　また、使用部品の搭載回路例を図23に示す。

4−2　携帯電話のEMC障害例とその対策

　ここでは、携帯電話のLCDパネル周りのEMI・EMS対策にコモンモードフィルタを適用した例を示しながら対策の実例を見ていく。

(1) LCDパネルへの画像信号が受信感度に与える影響とそのための対策例・対策部品（受信感度対策）
(2) 静電気（ESD：Electro-Static Discharge）によるICの誤動作とその対策例・対

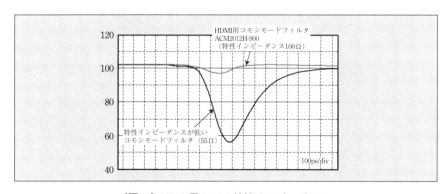

〔図21〕HDMI用CMFの特性インピーダンス

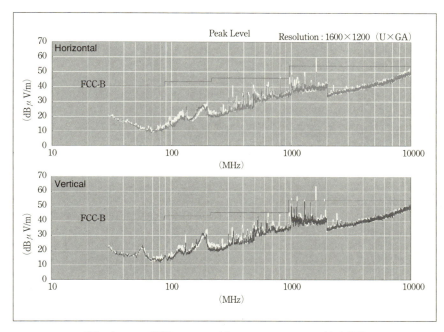

〔図22〕 HDMI機器でのHDMI用フィルタによるEMI低減効果

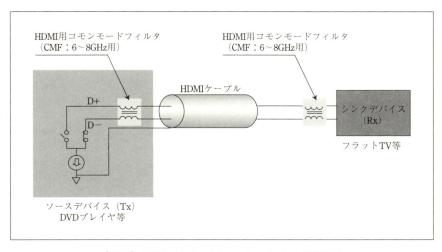

〔図23〕 HDMIインターフェースへのCMFの適用例

策部品
の2例を取り上げて対策の方法について紹介していく。

4－2－1　LCDパネルへの画像信号が受信感度に与える影響とそのための対策例・対策部品（受信感度対策）

　最近の携帯電話には映像関係の処理機能として画像撮影用のカメラ（CCDまたはCMOS方式）が搭載されることが多くなっている。また、画像の表示のためLCDパネルの大型化と高解像度化が進んでいる。それら、画像データの転送がデジタル方式のバスで行われるが、高解像度の画像データを送る情報量が増加するにつれて転送に使用するクロック周波数も高周波化している（図24）。

　現在ではカメラやLCDパネルとベースバンドプロセッサの間のデータのやり取りは8Bit、12Bit、16Bitのパラレル方式が用いられることが多いが、バスの数が増加すると伝送のためのワイヤ数やコネクタのピン数が増加してしまう。携帯電話としてのデザイン上の制約の緩和や信頼性への影響、省電力化への対応などにより高速シリアル通信化している機種が多くなってきている（図25）。

　これらの通信の接続には、折りたたみ式電話などではベースバンド処理の本体側と表示パネル側の部分をつなぐため可動式に耐えるようFPC（Flexible Printed Circuit）や極細同軸線（直径で0.25mm～0.4mm）が使用されることが多

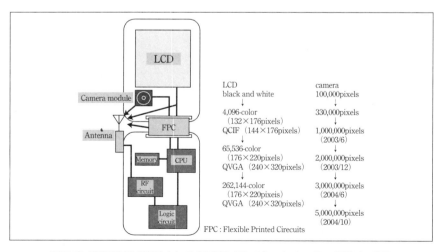

〔図24〕携帯電話に使用される表示用LCDパネルとカメラの解像度（例）

くなっている。

当然ながら高周波（10MHz〜500MHz）の信号を伝送するために伝送線路としての特性インピーダンスをあわせるなどの設計がされているが、狭い筐体に押し込んであるためカップリングなどにより不要な輻射が発生しやすくなっている。それらの不要な電磁界放射の高調波が携帯の送受信周波数（800MHz〜2GHz）帯域まで達してしまうことがあるため、特に基地局から遠ざかったときのように受信電波が弱い状況では受信感度に影響を及ぼすことが知られている。

ここではシリアル通信のときの受信感度実験の結果を示す。

図26に受信感度測定のためのセットアップ例を示す。

電波暗室の中に試験用の携帯電話をおく。この電話にはベースバンドプロセッサとLCDパネルをつなぐインターフェースにシリアルインターフェースを使用している（左側）。対して、電波暗室の外に携帯電話の基地局をシミュレー

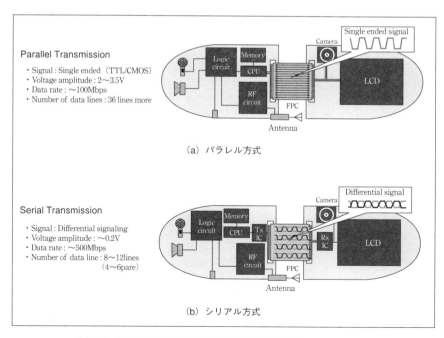

〔図25〕携帯電話の表示用LCDパネルの画像インターフェース

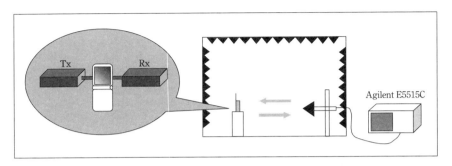

〔図26〕携帯電話の受信感度測定のセットアップ

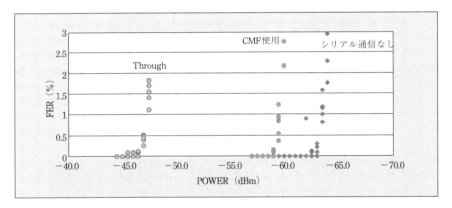

〔図27〕携帯電話の受信感度測定評価例

トするための通信用送受信機を設置する。その送受信機にアンテナを接続し電波暗室内で送受信を行いそのときのFER（Frame Error Rate）を測定する。電波を弱くしていくと（実際の状況では携帯電話が基地局から離れて電波が弱くなっている状態）インターフェースからの妨害を受けFERが高くなっていくのでその様子を計測していく。

　図27はその結果をプロットしたグラフである。横軸は電波の強さを表わす。右にいくほど受信したときの受信電力が弱いことを示している（数値はアンテナ係数などを考慮しない発信機の出力レベルを示しているので、実際の受信電力とはなっていないことに注意。例として相対的なレベルを示すにとどめる）。

　縦軸はFERを％表示にて示している。上にいくほどエラー率が高いことを表

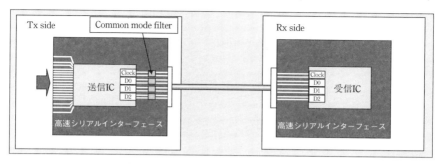

〔図28〕シリアルインターフェースへのコモンモードフィルタの適用例

わす。よってどの受信電力にてエラーが始まるかを見ることでインターフェースからのノイズが抑制されているかを読み取ることが可能となる。

　この実験例では「Through」と書かれているグラフのエラー開始のレベルが－45dBm〜－48dBmくらいになっている。「Through」とは信号ラインにEMI対策部品を入れていない状態を示している。コモンモードフィルタを図28のように差動伝送されている高速シリアル通信ラインに挿入してノイズ対策をしたときのグラフを「CMF使用」として示している。このようにコモンモードフィルタをインターフェースラインに挿入することによって約15dB〜20dBのノイズ抑制効果が期待でき、受信感度が上がっていることがわかる。「シリアル通信なし」のグラフはLCDへの通信を止めてしまったときのレベルを示している。さらに5dBの改善が見られるが、表示をするためにはインターフェースの通信が必要なためコモンモードフィルタで十分なEMI対策が行われていることを示している。

4－2－2　LCDパネルへの画像信号への静電気妨害による画像データ転送の
　　　　　誤動作（ESD対策）

　次に、静電気による携帯の内部インターフェースの誤動作について見ていく。携帯電話の静電気対策としては、持ち運びができ、屋外での使用頻度が高いことから携帯型電子機器全般に言えることであるが、据え置き型のテレビなどの大型のセットとは違った静電気の評価・対策が必要になることがある。

　先にも述べているように最近の携帯電話では外部への接続が重要な機能となっている。そのためのインターフェースのコネクタの数も増加していくことに

なる。

　静電気対策としてよく知られているのは接続コネクタのすぐ後ろにあるICの静電気破壊の保護である。これにはインターフェースの信号ラインにバリスタやツェナーダイオードをグランド（または電源ライン）に対していれることが行われている。

　ここではICの破壊保護ではなく、高速通信への誤動作の評価（測定）とその対策について述べていく。実験としては4—2—1で述べたシリアルインターフェースでの通信部分にESDをあてて誤動作のレベルを記録していく（図30）。

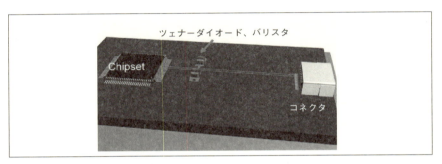

〔図29〕ICの破壊防止用に使用されるバリスタ、ツェナーダイオード

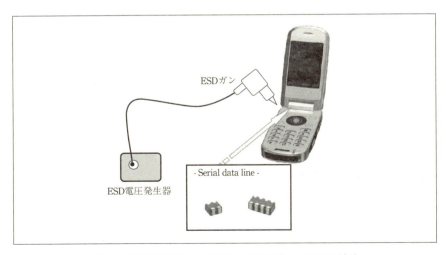

〔図30〕携帯電話のヒンジ部分への間接法によるESD試験

図31はLCDパネルへのインターフェース部分（LVDS）が3チャンネルあったときのコモンモードフィルタの挿入回路図を示す。この例では送信側・受信側の両方にコモンモードフィルタを挿入して実験をしている様子を示す。
　図32に結果を示す。「CMFなし」だと7kVのESDで通信に誤動作が発生していることがわかる。このときの誤動作とは、ICの破壊などによるものではなく、

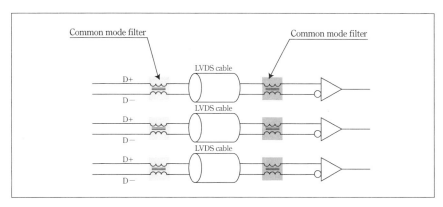

〔図31〕シリアルインターフェースへのコモンモードフィルタの適用回路例

	CMFなし	CMF挿入
5kV	OK	OK
6kV	OK	OK
7kV	図面消失―停止―復帰	OK
8kV	図面消失―復帰	OK
9kV	図面完全消失―アプリ停止―エラー表示	OK
10kV	図面消失―図面停止―図面完全	OK
11kV	消失―復帰	図面消失―復帰
12kV	図面消失―復帰	図面消失―復帰
13kV	図面消失―復帰	図面消失―復帰
14kV	図面消失―復帰	
15kV		

試験条件／人体モデル C：100pF　R：1.5kΩ

〔図32〕ESDテスト結果（例）

伝送線路へのESD電圧がLVDSの差動信号ラインにコモンモード妨害として乗ってしまい通信が止まってしまうという障害が発生していることを示している。PCなどの画像表示は常に画像信号を送り続けている。携帯電話の場合はLCDパネルのドライバー部分にメモリーを積んでいて、表示の変更があったときだけ信号を送る仕組みを採用することによって省電力化していることが多くなっている。そのため、一度通信が妨害を受けてシリアル通信を送れなくなると新しいパケットの送信ができなくなってしまうことがある。アナログ通信のときにもラジオに雷のノイズが入ってしまうなどの障害はあったが、リセットなどせずに雷が収まれば消えてなくなってしまう障害であった。デジタル通信では、画面がフリーズしてしまったりすることがあり、携帯電話そのものの動作が止まってしまったりするため、リセットボタンの操作や電源の再投入など妨害をより重大に受けてしまうことがあり、ESD対策の誤動作への対応が強く求められている。そのためコモンモードフィルタを挿入することにより10kVまでのESD耐性を備えることによって、屋外での使用にも耐えられるように対策を施されることが多くなってきている。

5．まとめ

　以上のように高速信号インターフェースを中心に信号用コモンモードフィルタの原理と実際の適用例についてEMI対策・EMS対策での実装例と効果例について解説してきた。情報家電機器などのマルチメディア機器については新しい国際規格の制定も進んできている。また、最近では製品の安全性、動作の確実性を求める機運が高まっており、イミュニティに対する誤動作への対応の重要性も増してきている。

　さらに便利に多機能になっていくこれらの機器に欠かせない相互接続に使用される高速のインターフェースはますますネットワーク社会では重要になってきていると考える。

　コモンモードフィルタが使用されることが多くなってくると考えるが、十分なシグナルインテグリティを確保した上で効率的なEMI・EMS対策ができるよう、EMI部品もさらなる高周波化・小型化などの対策部品開発を進めていきたい。